双模通信技术及其在电网中的应用

U0161269

李 波 张林山 周年荣 曹 敏 ● 编著

中国电力出版社
CHINA ELECTRIC POWER PRESS

内 容 提 要

本书主要介绍将电力载波通信和微功率无线通信相结合的双模通信网络，共分为6章，前三章是双模通信技术的基础部分，简单介绍了双模通信技术的概念以及在国内外的发展和现状，详细介绍了电力线载波通信和微功率无线通信的信道特性和建模方法，重点介绍了宽带双模通信系统的相关知识。后三章主要介绍了基于双模通信的路由技术，详细介绍了宽带双模通信仿真测试平台和各项测试功能的设计，结合双模通信技术的具体应用方案以及实际应用案例，根据应用案例的观察内容，阐述了双模通信应用案例的观察结论。

本书可供从事电力通信技术研究及具体应用的相关技术人员和管理人员参考，也可供通信和电气专业的高校师生学习。

图书在版编目（CIP）数据

双模通信技术及其在电网中的应用 / 李波等编著 .—北京：中国电力出版社，2020.9
ISBN 978-7-5198-4791-3

Ⅰ. ①双… Ⅱ. ①李… Ⅲ. ①通信技术—应用—电网—研究 Ⅳ. ① TM727

中国版本图书馆 CIP 数据核字（2020）第 123751 号

出版发行：中国电力出版社
地　　址：北京市东城区北京站西街 19 号（邮政编码 100005）
网　　址：http://www.cepp.sgcc.com.cn
责任编辑：丁　钊（010-63412393）
责任校对：黄　蓓　王海南
装帧设计：王红柳
责任印制：杨晓东

印　　刷：北京天宇星印刷厂
版　　次：2020 年 9 月第一版
印　　次：2020 年 9 月北京第一次印刷
开　　本：710 毫米 ×1000 毫米　16 开本
印　　张：7.75
字　　数：125 千字
定　　价：45.00 元

版权专有　侵权必究

本书如有印装质量问题，我社营销中心负责退换

主　编　李　波

副主编　张林山　周年荣　曹　敏　吴　斌

参　编　蔡晓斌　李文云　罗永睦　杨　超

赖　强　刘清蝉　林　聪　邹京希

朱全聪　庞振江　胡凡君　王　浩

利　佳　刘国营　岳汝峰　梁　勇

李海荣　赵永辉

前言

随着信息技术的不断发展，智能电网已成为当今世界电力系统变革发展的方向，也是未来电力系统的发展趋势。智能电网作为一种完全自动化的网络，需要依靠广泛的分布式终端和强大的通信技术为基础，才能保证用户和终端、终端和供电公司之间形成可靠的连接。智能配用电通信网作为智能电网建设非常重要的部分，其所支撑的业务包括配电自动化、分布式能源接入、电能表抄读和负荷控制管理等。电力线载波通信作为电网所特有的通信方式，已成为最重要的选择；微功率无线通信因为其架设灵活、成本低等特点也在电网中有着广泛的应用。但目前二者尚未形成有机的整体，面向智能配用电环节应用的通信接入系统具有应用环境复杂、业务承载需求多样、传输可靠性要求高、易受配电网扩容等影响，单独采用任何一种通信方式都不能完全满足配电网的要求。因此需要将两者结合起来，组成双模通信网络，充分发挥各自的优势，扬长避短，才能更好地满足配电网的需求。

基于双模通信的用电信息采集系统，相比于采用单一的通信方式，它的通信可靠性更高、安全性更好，具有抄收速度快、抄收实时性好、数据准确性高、施工难度小、维护成本低等特点。双模通信不仅大大提高了电能表抄读工作的效率，并且能为供电企业提供远程用电管理的双向网络通信平台，使得供电公司能轻松实现远程预付费、停复电和防窃电等功能，并可增值用户电费查询、网上缴费等网络服务功能，为提高电力用户用电信息管理水平提供了重要的保障。

本书是云南电网有限责任公司电力科学研究院、重庆大学、珠海中慧微电子有限公司等单位在长期科学研究和生产实践的基础上，对双模通信技术在配用电深度应用中的技术研究和成果展现，是集体智慧的结晶。期望本书能给从事双模通信的技术研究以及在相关领域中的具体应用等技术和管理人员提供参考，也可供通信和电气等专业的高校师生学习参考。

本书共分为 6 章，前三章是双模通信技术的基础部分，其中第 1 章简单介绍了双模通信技术的概念以及在国内外的发展和现状。第 2 章详细介绍了电力线和无线的信道特性与建模方法。第 3 章着重介绍了宽带双模通信系统的相关知识。第 4 章主要介绍了当前配电网中几种应用比较广泛的基于双模通信的路由技术。第 5 章详细介绍了宽带双模通信仿真测试平台和各项测试功能的设计。第 6 章是双模通信技术的具体应用方案以及实际应用案例，根据应用案例的观察内容，阐述了双模通信应用案例的观察结论。

本书在撰写过程中得到了云南电网有限责任公司电力科学研究院、重庆大学、珠海中慧微电子有限公司和北京智芯微电子科技有限公司等单位领导及相关技术人员的大力支持与帮助。在此，向所有为本书付出辛勤劳动和做出贡献的同志表示衷心感谢。由于时间仓促，编者水平有限，书中难免存在不妥之处，望广大读者批评指正。

编　者

目 录

前言
第1章 绪论 ············ 1
1.1 国内双模通信技术的发展和现状 ············ 2
1.2 国外双模通信技术的发展和现状 ············ 6
第2章 电力线和无线的信道特性与建模方法 ············ 9
2.1 电力线信道衰减模型 ············ 9
2.2 电力线信道噪声特性与建模方法 ············ 12
2.2.1 电力线信道噪声特性 ············ 12
2.2.2 电力线信道噪声建模方法 ············ 15
2.3 无线信道衰减模型 ············ 20
2.3.1 大尺度衰落 ············ 21
2.3.2 小尺度衰落 ············ 23
2.4 无线信道噪声特性建模方法 ············ 23
2.4.1 对称α-稳定分布模型 ············ 24
2.4.2 混合高斯模型 ············ 25
2.5 小结 ············ 25
第3章 宽带双模通信系统 ············ 27
3.1 宽带双模通信系统基础 ············ 27
3.1.1 宽带双模通信系统结构图 ············ 27
3.1.2 宽带双模通信系统的设计概述 ············ 28
3.1.3 宽带双模通信系统的特点 ············ 29
3.1.4 宽带双模通信系统的功能 ············ 30
3.1.5 宽带双模通信系统的扩展应用 ············ 31

3.2 OFDM 技术 …… 32
3.2.1 基本原理 …… 33
3.2.2 关键技术 …… 34
3.2.3 应用于电力线通信的优缺点 …… 35
3.3 宽带双模通信系统产品介绍 …… 36
3.3.1 集中器双模模块 …… 36
3.3.2 单相电能表双模模块 …… 37
3.3.3 三相电能表双模模块 …… 38
3.4 双模通信安全技术与模块 …… 39
3.4.1 信息安全技术 …… 39
3.4.2 安全加密的具体实现方案 …… 42
第 4 章 双模通信的路由技术 …… 45
4.1 两种通信网络介绍 …… 45
4.1.1 电力线载波通信网络 …… 45
4.1.2 微功率无线通信网络 …… 47
4.2 分簇路由算法 …… 49
4.2.1 传感器网络 …… 49
4.2.2 分簇路由算法 …… 52
4.2.3 改进的分簇路由算法 …… 56
4.3 遗传算法 …… 58
4.3.1 遗传算法概述 …… 58
4.3.2 遗传算法优化设计 …… 59
4.4 蚁群算法 …… 61
4.4.1 蚁群算法概述 …… 61
4.4.2 蚁群改进路由算法 …… 63
4.5 模糊层次分析法 …… 67
4.5.1 模糊理论 …… 67
4.5.2 模糊层次分析法 …… 67

4.5.3 双模通信网切换的必要性分析 …… 70
4.5.4 双模通信网切换的算法实现 …… 70
第5章 宽带双模通信测试及仿真 …… 72
5.1 主要性能要求 …… 72
5.1.1 基本性能测试 …… 72
5.1.2 点对点通信性能测试 …… 72
5.1.3 协议一致性互联互通测试 …… 73
5.1.4 流程及互换性测试 …… 73
5.1.5 综合组网功能测试 …… 73
5.2 仿真测试平台的设计 …… 73
5.2.1 仿真测试平台的硬件设计 …… 73
5.2.2 仿真测试平台的软件设计 …… 78
5.3 各项测试功能设计 …… 84
5.3.1 载波通信性能测试 …… 84
5.3.2 无线通信性能测试 …… 86
5.3.3 功耗及协议一致性测试 …… 88
5.3.4 静态功耗和动态功耗测试 …… 88
5.3.5 HPLC协议一致性测试 …… 88
5.3.6 交换流程及互换性测试 …… 89
5.3.7 组网测试 …… 89
第6章 宽带双模通信系统的应用 …… 92
6.1 多模通信转换器产品 …… 92
6.1.1 产品概述 …… 92
6.1.2 应用场景 …… 92
6.1.3 产品组成 …… 93
6.1.4 系统架构 …… 94
6.1.5 产品特点 …… 94
6.1.6 现场施工示意 …… 95

6.2 基于工频通信的快速台区识别方案 ······ 96
6.3 双模通信技术的具体应用方案 ······ 97
6.3.1 试点台区概况 ······ 97
6.3.2 试点方案 ······ 99
6.3.3 试点设备情况 ······ 99
6.4 双模通信系统的应用案例 ······ 100
6.4.1 应用台区简介 ······ 100
6.4.2 运行观察内容 ······ 101
6.4.3 运行观察结论 ······ 109
参考文献 ······ 110

第1章

绪 论

智能电网通过引入健全的双路通信技术、先进的电力分配技术和管理技术来提高电网的通信与计算功能，以提高电网的控制性、可靠性和安全性。智能电网是一个完全自动化的供电网络，其需要依靠广泛的分布式智能终端和宽带通信技术为基础，才可以保证用户和终端、终端与电网公司之间形成可靠的连接。作为智能电网非常重要的组成部分之一，智能配电通信网所支撑的业务包括配电自动化、分布式能源接入、高级量测体系（Advanced Metering Infrastructure，AMI）中智能电能表和负荷控制管理等。

当前，我国在电力通信中广泛采用基于电力线载波通信技术（Power Line Communication，PLC）或微功率无线通信技术的单模通信。二者在不同的地域均得到了广泛的应用，并取得了良好的效果。但二者也有各自的明显缺陷，其中电力线载波通信存在的问题有：由于低压电力网结构的复杂性、线路高频信号衰减严重，电力网络的分布电容、分布电感、负载性质、负载阻抗值、噪声等都是动态的而不是恒定的，特别是随着经济的发展和人民生活水平的提高，各种用电器具数量急剧增加，这种随机性和无规律性干扰日益严重，虽然各厂家开发出各种抗干扰技术加以应对，但是电力线载波技术存在的固有问题一直在影响着自动抄表技术的发展，而且目前电力线载波主要采用窄带电力通信，其通信速率较低、极易受到线路负载和干扰影响导致信号衰减严重、单跳衰减大等问题，因此难以满足智能电网更多的业务与应用需求。而无线通信存在的问题有：合法授权频段不足、频谱利用率低、信息安全性差和易受地域气候环境影响。目前二者尚未形成有机的整体，面向智能配用电环节应用的通信接入系统具有应用环境复杂、业务承载需求多样、传输可靠性要求高、易受配电网扩容等特点，单独采用任何一种通信方式都不能完全满足配电网的要求。

电力线载波通信与无线通信具有各自的优势。在低速率的应用场景下，由于PLC技术不受障碍物影响，可在超窄带的场景中实现长距离通信，NB-PLC是通过低压电网进行的数据通信，其工作频率带宽为0～500kHz，传输速率为数十千字节每秒。与窄带PLC相比，宽带PLC通常需要设备间距离较短的多个中继器，但相应地会提高实施成本。同时PLC本身即是一个多信道传输系统，MIMO-PLC利用空时编码实现的发送分集以及空间复用可大大提高系统的稳定性；而无线系统具有移动性的优点，然而安全性差，需要使用扩频技术分配到大带宽上，降低传输信号被捕获的可能性。无线通信技术早在20世纪80年代中期美国就已经应用于用电信息采集中，他们在抄表仪器中开发了一种简单的900MHz无线单向开关键控发射器，可更方便地使用手持接收器读取，并且这种设备至今仍然在用于燃气表、水表和电能表。将这种接收器引入到集中器设备中，可有效实现抄表过程的完全自动化，并且具备更细粒度间隔读取的能力，而不是通常标准每月的读取数据。

基于以上原因，集电力线载波通信和微功率无线通信技术的双模通信方式应运而生。采用双模通信，理论上抄表信息可在两种媒介（电力线、空气）中传输，电力线环境恶劣时，采用无线信道传输；反之，无线环境恶劣时，采用电力线信道传输，从而可有效提高通信的成功率。

2015年6月，国家电网有限公司开始全面推行智能电能表双模通信技术，要求各省市供电公司制订符合当地特色的面向用电信息采集的双模通信技术方案。在用电信息采集网络中，智能电能表多是树干式的接入网络，智能电能表的接入方式对于网络拓扑的选取有重要的借鉴意义。在用电信息采集网络中，智能电能表在现场应用中具有如下分布特点：多块电能表部署于同一表箱内，表箱内各电能表距离近且无障碍物阻挡，不同表箱间的电能表距离远且有障碍物阻挡。在构建用电信息采集网络过程中不应忽视智能电能表的分布特点。在用电信息采集网络中，微功率无线通信技术和电力线载波通信技术在应用现场应用中差异明显，微功率无线信号虽然受建筑物数量、节点间距离以及外界天气影响，但是电能表部署后，网络中各电能表节点的微功率无线信号强弱排序基本不变。

电力线载波信号虽然受电力线负载以及节点距离影响，但是电能表部署后，网络中各电能表节点的电力线载波信号强弱排序是变化的，相较于电力线负载，天气影响的范围相对较大。将双模通信技术应用于用电信息采集网络中，结合智能电能表分布、接入方式以及微功率无线和电力线载波信号衰减差异，合理的构建用电信息采集网络，对于改善用电信息采集网络的通信质量有重要意义。

1.1 国内双模通信技术的发展和现状

由于我国在电力线载波与微功率无线通信融合方面的研究起步较晚，因此这方面的研究内容较少。

2012 年，国网冀北电力有限公司信息通信分公司和国网电力科学研究院有限公司共同提出了一种根据配用电环境选择适当技术的组网通信方法，并针对构建的通信网络提出了混合无缝连接方法。

2014 年，四川理工学院针对提高电力数据的采集成功率以及降低数据跨网络传输能耗，提出一种基于信号融合技术的电力网络中电力线载波无线传感信号融合传递方法，利用小波分解方法，将电力网络中的电力线载波信号进行分解，将其分为高频信号和低频信号，针对不同频段的信号，进行信号融合，从而完成无线传感网络信号融合传递。

2015 年，国网大连供电公司提出一种以电力线载波通信技术为主，微功率无线通信技术为辅的组网通信方案，通过双通道通信方案解决现场电力线载波抄表存在的盲区和“孤岛”问题。深圳市国电科技通信有限公司和国网河北省电力有限公司共同提出了一种面向直接双向互动系统的双模互动方法，采用电力线载波技术解决智能电能表与居民用户住宅距离较远微功率无线通信无法覆盖问题，采用微功率无线技术解决了电力线载波安装位置限制问题。国网安徽省电力有限公司池州供电公司提出了一种基于 OFDM 的宽带载波和无线双模通信系统，通过对电力线载波通信技术和微功率无线通信技术的信噪比进行分析，提出了一种基于信道信号比的信道选取和接入方法，该方法虽然能快速实现网络接入，但是仅采用单一的性能指标决策信道，信道的接入质量较低。国网山东省电力公司电力科学研究院和国网济南市历城区供电公司提出了一种基于场强值的双模异构组网方案，双模节点预先收集网络中的场强值，结合构建的场强邻居表进行网络构建，该方法构建的网络实时性好，但是稳定性较差。西安交通大学和西安电子科技大学的两位学者提出一种基于效用函数的网络接入策略，节点通过服务质量、信道状态、代价成本以及网络负载四个指标构建效用函数进行网络接入选择，能充分利用网络中的各种资源，保证信道接入的均衡性。

2016 年，国网信息通信产业集团有限公司提出了一种面向智能配电的电力线与无线融合的独立介质访问控制层（Media Access Control，MAC）及统一 MAC 层的融合通信方案，针对智能配电业务需求的差异设计了在不同应用场景下的组网方案，独立的 MAC 层融合方案实现了电力线载波通信与微功率无线通信在网络层的融合，二者在 MAC 层相互独立，在网络层共用核心处理单元进行协议转换，并通过混合自组网融合对异构网络进行资源管理与调度。同时，分析了农村、城市、城乡接合部三种用电场景的特点，并针对三种常见的用电场景，设计了相应的面向电力线载波和微功率无线的异构组网方案，但没有给出具体的网络构建以及接入方法。华北电力大学提出了一种基于 RSSI 的双模信道接入方法，双模节点通过获取微功率无线和电力线载波信道的接收信号强度，结合预先划定的阈值区间，选取转发信道，该方法虽然能够快速实现网络接入，但是仅采用单一的性能指标决策信道，信道的接入质量较低。

2017 年，国网北京市电力公司、深圳市国电科技通信有限公司和天津科技大学共同提出了在电力线与无线融合的通信环境中基于层次分析法的电力线与无线信道切换技术，以信道带宽、信道容量、吞吐量、误码率作为判断准则，利用层次分析法构建判决矩阵，利用 TOPSIS 算法实现电力线载波通信与无线信道之间的切换并应用于远程抄表系统。在物理层方面，华北电力大学和中国电力科学研究院有限公司共同提出了无线和电力线并行通信系统的室内模型，对于电力线信道采用 IgN-D 衰落与 MiD-A 类噪声，分析了选择合并下，双媒质系统使用 AF 和 DF 协议时的误码率和中断概率。贵阳供电局提出了一种以低压窄带高速电力线载波信道与微功率无线互为主干网的通信网络构建方法，并通过该通信网络以实现水、电、气、热信号的采集和传输。东南大学和桂林电子科技大学共同提出了一种新的双模非授权信道接入机制及联合授权非授权的优化频谱资源分配方案，利用非授权频段频谱资源提升网络容量，并采用分时独立占用机制分配非授权频段频谱资源。

2018 年，南京理工大学通过引入电力线一无线双接口中继，电力线载波通信节点和无线节点将信号转发至双接口中继节点使得电力线传输的信息可以转发到下一阶段的无线信道，同样从无线信道接收到的信号也可以转发到电力线信道进行传输，改善了通信的可靠性。

在具体应用方面，目前珠海中慧微电子有限公司开发的基于电力线载波和微功率无线双模的用电信息采集系统设计方案，以电力线载波为骨干网络，在电力线衰减较大和干扰严重的线路，以微功率无线方式通信；微功率无线通信在遮挡比较严重无法通信的情况下，以电力线载波方式通信，二者相互支持，互为补充，使系统具有通信链路稳定、通信速率高、抗干扰能力强、应用范围广等特点，得到了国家电网有限公司（以下简称国家电网）、中国南方电网有限公司（以下简称南方电网）的青睐。

国内针对电力线载波与无线通信融合技术的研究主要集中在 MAC 层与网络层

或电力线与无线信道之间的切换技术，针对物理层融合研究的相对较少，因而未能充分利用电力线与微功率无线多信道的分集增益，实现电力线与无线的有机统一。

目前，国家电网和南方电网都在推进基于 HPLC 和微功率无线的双模通信技术标准的论证和制定工作。截止到 2020 年 4 月底，国家电网以智能量测联盟名义在近两年时间里先后在全国各地召开了 9 次技术标准会议，目前已经基本完成无线侧物理层信号的发送标准制定工作和部分链路层协议的讨论工作，后续计划再通过召开约 2～3 次会议来完成双模的数据链路层协议的制定工作，从而完成整个双模技术标准的制定工作。南方电网的进度比国家电网稍微慢一些，在近一年时间里已经召开了 3 次技术标准会议，重点讨论了新增加的通信模块 MAC 地址的应用问题，以及无线侧的物理层方案，后续将逐步推进整个标准技术细节的讨论和制定工作。

从目前国家电网和南方电网的会议进展情况和讨论结果来看，两家公司在对双模的技术路线和应用上存在一定的差异，具体分析见表 1-1。市场需求是确定存在的，在标准没有确定并发布前，很多厂家凭借自身技术实力，尝试开发可支撑高级应用的双模通信方案，一些省市局也发布了双模产品技术要求，因而普遍认为双模将会成为未来电力集采通信业务的发展方向。

表 1-1 国家电网和南方电网双模通信技术的分析

分类	国家电网	南方电网
应用需求	主要是考虑增强针对电能表的集抄系统通信能力，并适当考虑增加系统应用范围，如随器计量、智能充电桩等领域	主要是考虑在现有 HPLC 网络的基础上增加对南方电网微传感器数据的传输功能
设备设计需求	单一设备形态，全部为双模设备，设备尺寸和功耗需要满足在智能电能表中安装和供电的需求	多设备形态，有单模无线设备和双模设备。双模设备需要满足在智能电能表中的安装和供电需求，单模无线设备由电池供电，尺寸需要满足南方电网微传感器内的安装需求，因此单模设备需要明确考虑小型化低功耗设计
物理层	载波侧：继续使用现有协议，但增加了一款 PB40 的物理层块。 无线侧：OFDM 技术体制，强调数据的宽带高速中近距离传输，子载波间隔为约 8kHz，信号带宽 100、200、500、800kbit/s，数据载荷采用 Turbo 编码，通信速率为数百 kbit/s 量级	载波侧：继续使用现有协议，无任何修改。 无线侧：尚未正式确定，但趋向采用 OQPSK＋DSSS 的扩频路线，强调窄带低速远距离传输，数据载荷采用卷积＋RS 级联编码，信号带宽约 100kbit/s，通信速率为数几十千字节每秒量级
链路层	尚未正式确定，但趋向在现有载波协议的基础上进行少量修改	尚未正式开始讨论
应用层	在现有电能表计量业务的基础上进一步扩展其他业务	在现有电能表计量业务的基础上进一步扩展其他业务

1.2 国外双模通信的发展和现状

国外开展电力线载波与无线融合技术的研究与应用更为超前和成熟。在2000年初，美国CURRENT公司将电力线载波通信与微功率无线通信采用“背靠背”的方式在TP层进行网络融合，将宽带电力线载波通信覆盖中压架空线路，在每个中低压变压器处，部署一个电力线载波通信和WiFi接入点的转换器，最后通过WiFi接入点连接用户的WiFi终端提供网络服务。近几年来，宽带电力线载波通信和WiFi集成被用作宽带接入网在室内的延伸，通过电力线载波通信与微功率无线通信在室内的混合组网，提高网络的覆盖性能。此外，为了解决电力线载波通信在极端恶劣通信条件下可能存在的通信盲点问题，提高中压接入网的网络冗余能力和在故障情况下的快速自愈能力，国际上开始研发面向配电自动化的电力线载波通信与微功率无线通信融合的通信技术，其中，电力线载波通信主要采用欧盟OPERA技术，微功率无线通信则主要考虑WiFi和WiMax。例如，在西班牙马拉加的智慧城市项目中，通过OPERA和WiMax进行融合组网，连接了80个中低压变电站，为12000个用户提供了高速可靠的智能电网业务服务。在基于混合组网实现融合通信的技术标准方面，IEEE 1905.1在MAC层实现了不同通信技术的混合组网与最佳路径选择，点与点之间同时可通过不同的介质进行数据传输，实现负载均衡和冗余互补，提高了整个网络通信的可靠性、冗余性，代表了融合通信技术的发展方向。

2008年，韩国延世大学提出了一种通过无线和载波信道传输P-型激光信号的方法，节点通过双平行注入锁调节的信号传输信道进行节点信道接入。

2014年，德国的德累斯顿工业大学提出了一种基于NB-IoP和无线LoRa技术的通信方法，通过构建双模的智能电网数据传输网络，提高了数据传输的可靠性以及成功率。希腊的雅典国家技术大学三位学者提出一种多跳树型拓扑结构的网络构建方法，通过采用优化的TDMA调度方法，提高节点数据传输的吞吐量，降低网络传输时延，改善载波网络的通信质量。希腊的比雷埃夫斯大学提出了一种基于不同服务质量要求的最适合网络接入方法，通过对数据业务按需求划分优先级，节点在进行网络接入时能够快速地进行网络接入。

2015年，德克萨斯大学奥斯汀分校和TI公司共同提出了一种基于交错链路质量算法（Stagger Link Quality，SLQ）的路由控制算法，网络中节点通过减小反应式路由开销，提高载波通信的吞吐量，降低网络传输时延。

在物理层研究方面，巴西的几位学者研究了无线设备通过辐射非屏蔽电力线的方式连接 PLC 设备，考虑的是 PLC 与无线信道的级联但并没有实现无线与 PLC 的协作，而且不适用于室外环境；他们将电力线载波与无线融合的方式归结为两类：①电力线与无线融合并行通信（Hybrid Powerline Wireless Communication，HPWC）；②电力线与无线单继通信（Hybrid Single Relay Communication，HSRC）。HPWC 模型由并行的无线和 PLC 信道组成，如图 1-1 所示，源端节点发送相同的数据至目标节点，目标节点通过分集合并技术来获得分集增益以减小接收误码率。

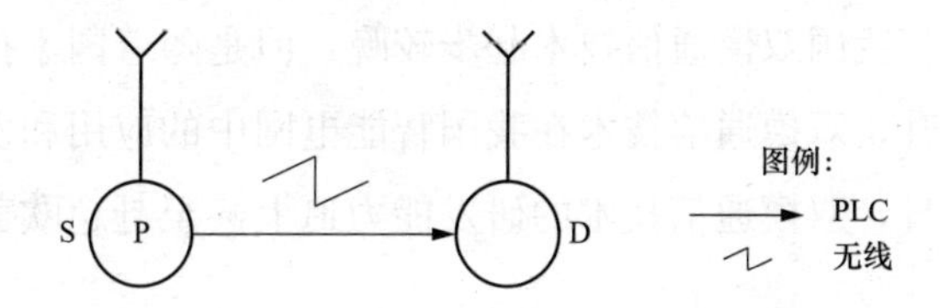

图 1-1　电力线与无线融合并行通信

此种方式下，PLC 可弥补无线因为障碍物而导致的信号衰减或是同频干扰，反过来，无线也会弥补 PLC 因为受到脉冲噪声或阻抗不匹配等缺陷。对于并行传输中的分集接收技术，各个国家的学者分析了不同的分集组合方案的性能，包括最佳合并、饱和度量合并、最大比合并、选择合并的系统误码率，其中韩国的两位学者提出了两跳中继传输的 PLC 与无线发送和分集方案，有效地提升了系统的中断概率和误码率。意大利和德国的三位学者分析了室外配电环境下平均信噪比合并和瞬时信噪比的误码率，其中将无线噪声建立为混合高斯模型，将 PLC 噪声模型建立为交流半周期性的循环平稳随机过程更符合室外用电信息采集的环境。在 HSRC 方面，加拿大卡尔加里大学最早提出了利用电力线作为中继来协作无线通信，无线和电力线通信在室内环境中以协作形式使用。

巴西和美国的三位学者提出了电力线与无线融合单中继模型，如图 1-2 所示，它们分别由并行的 PLC 单中继模型和无线单中继模型并行构成，在第一时隙无线和电力线都发送相同的源信息至中继节点 R 与目的节点 D，在第二个时隙，中继节点 R 将收到的信息进行放大转发（AF）至目的节点。印度的三位学者研究了基于译码转发（DF）的新型双跳无线电力线融合协作通信系统的性能。有关电力线载波与无线融合的文献无一例外都证明了与单独工作的电力线或无线相比，无论是电力线与无线并行通信还是电力线与无线中继通信都可提供更加可靠的数据传输。

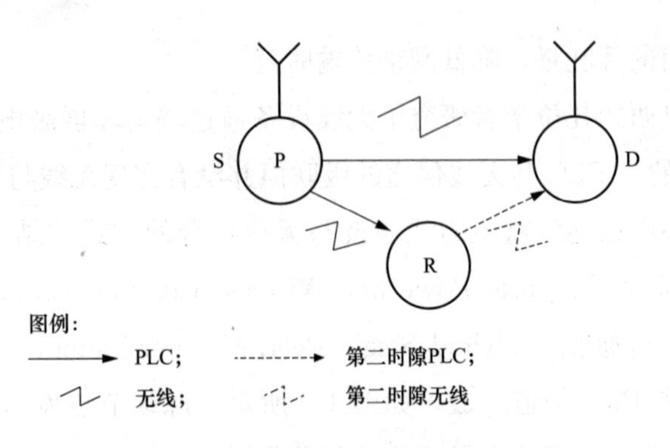

图 1-2　电力线与无线中继通信

总的来说，尽管我国双模通信技术起步较晚，但是随着国家投资力度的加大和科研实力的不断提升，双模通信技术在我国智能电网中的应用和发展肯定能登上更高的台阶，假以时日，双模通信技术的研发能力追上甚至赶超欧美发达国家也不是不可能。

第2章

电力线与无线的信道特性与建模方法

电力线与无线的信道特性是电力线与无线融合技术研究的基础，主要包括信道传输的衰减和噪声干扰特性。只有在充分了解和掌握电力线与无线信道特性的基础之上，才能对电力线与无线融合技术进行详尽的分析，从而合理地建立电力线与无线融合模型。

2.1 电力线信道衰减模型

影响电力线信道衰减的因素有很多，大体可分成以下几个方面：

(1) 线缆的电介质损耗与趋肤效应。从传输线模型的角度展开分析，由于电力线周围存在高频电场和磁场，导致沿线各点存在串联分布电感，这些分布参数在高频时会引起沿线电压、电流幅度的变化以及相位滞后。由于载波信号主要在低压配电网相线和中性线间构成回路传输，因此，可将相线和中性线组成的低压载波传输线建立为平行双传输线模型。根据上述分析，如果将传输线看成是一系列的集总参数元件组成的电路，即认为导线的每一段单位长度都具有电阻和电感，导线间具有电容和电导且分布均匀，则按照均匀传输线理论，可以将电力线等效为由电阻 R_0、电感 L_0、电容 C_0、电导 G_0 组成的模型，如图 2-1 所示。

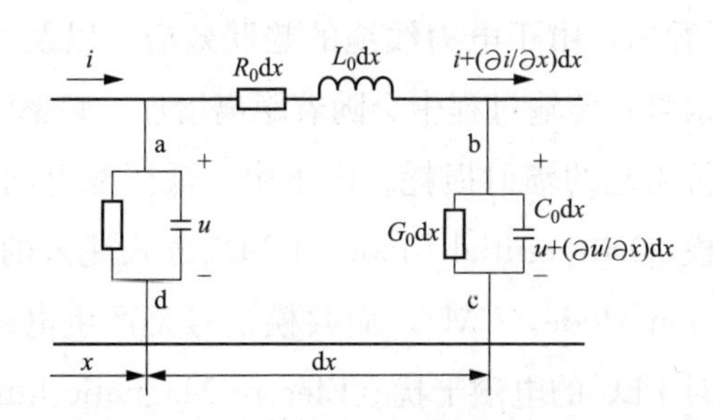

图 2-1 电力线均匀传输模型

根据基尔霍夫电压电流定律可得到传输线的两个非常重要的参数：传播常数和阻抗特性。两者都随频率变化而变化，即

$$\gamma = \alpha + \mathrm{j}\beta = \sqrt{(R_0 + \mathrm{j}\omega L_0)(G_0 + \mathrm{j}\omega C_0)} \tag{2-1}$$

$$Z_C = \sqrt{\frac{R_0 + j\omega L_0}{G_0 + j\omega C_0}} \tag{2-2}$$

式中：γ 是传播常数；α 是衰减常数；β 为相位常数，分别表示为

$$\alpha = \sqrt{\frac{1}{2}[R_0G_0 - \omega^2 L_0C_0 + \sqrt{(R_0 + j\omega L_0)(G_0 + j\omega C_0)}]} \tag{2-3}$$

$$\beta = \sqrt{\frac{1}{2}[\omega^2 L_0C_0 - R_0G_0 + \sqrt{(R_0 + j\omega L_0)(G_0 + j\omega C_0)}]} \tag{2-4}$$

对于工作频率较高的传输线有 $R_0 \ll \omega L_0 \ll \omega C_0$，则

$$\alpha = \frac{1}{2}R_0\sqrt{\frac{C_0}{L_0}} + \frac{1}{2}G_0\sqrt{\frac{L_0}{C_0}} \tag{2-5}$$

$$\beta = \omega\sqrt{L_0C_0} = \frac{\omega}{\nu} \tag{2-6}$$

传播常数的实部 α 可以表示为

$$\alpha = k_1\sqrt{f} + k_2 f \tag{2-7}$$

式中：α 是频率 f 的函数，随着频率的增加而增大；k_1 是不同分布参数而产生的趋肤效应系数；k_2 是由于导线绝缘材料电介质的介电常数不同而产生的系数，传播常数的虚部 β 可表示为 $\beta = k_3 f$，k_1、k_2 和 k_3 的大小取决于线缆材质及其几何尺寸；Z_C 称为特性阻抗或波阻抗。γ 和 Z_C 可以用来表征均匀传输线的主要特征。电力线信道随着频率、距离变化的衰减模型可表示为

$$Attenuation(f,d) = e^{-afd} \tag{2-8}$$

从式（2-8）中可看出，由于电力线缆的趋肤效应，以及线缆本身绝缘材料的电介质损耗，使载波信号在传输过程中会随着距离增加、频率增大而发生衰减。

（2）不对称波阻抗引起的辐射损耗。由于中、低压配电网电力线多为非屏蔽、不对称的线缆，以差模（Differential Mode，DM）方式注入的 PLC 信号会部分转化成共模信号（Common Mode，CM），而共模信号是产生电磁辐射干扰的主要原因。目前，大量文献对 PLC 的电磁干扰（Electro Magnetic Interference，EMI）特性均进行了研究，其所造成的衰减也是电力线载波信道衰减的一部分。

（3）发送端和接收端阻抗失配引起的耦合损耗。在低压配电网络中，载波信道的接入阻抗与信号频率有关。一般地，在 500kHz 以下的中低频段，接入阻抗值很低（一般约 10Ω 以下）；在 500kHz 以上的中高频段，随着频率增加，高频接入阻抗缓慢增加，例如对于典型的地埋线，其接入阻抗基本稳定在 20～80Ω。但是，

PLC 信号发射机的阻抗与低压电网的接入阻抗很难做到完全匹配，从而导致通信信号往往不能以最大的效率注入电网，造成损耗。在 PLC 信号接收端，同样存在因为接收机阻抗与电网阻抗失配所引起的耦合损耗。

（4）多径传播引起的频率选择性衰落。电力线信道的阻抗具有不连续性，阻抗的不连续性是指在电力线的分支节点处存在两种不同特性阻抗的介质，从而导致高频载波信号在分支节点处发生部分或全部反射。配电网上由于存在众多的分支且负载随机地切入和切出，也就造成了很多的阻抗不连续点，使得信号不能直接从发射端传输到接收端，而是在节点处发生反射，形成多径传播环境。反射波与正向传输信号相互叠加，可能导致发生频率选择性衰落。多径传播原理如图 2-2 所示，该多径传播模型由 AB、BC、BD 组成，其阻抗分别是 Z_{AB}、Z_{BC}、Z_{BD}。

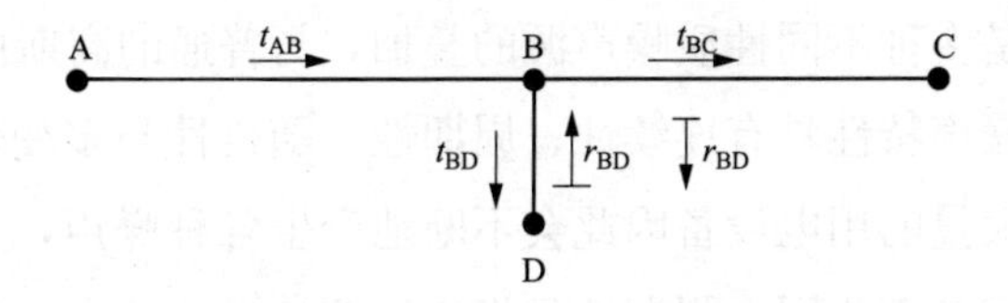

图 2-2 多径传播原理图

电力线 AC 之间只有一条支路，并假设 AB 段与信号发射点 A、BC 段与信号接收点 C 的阻抗是匹配的，因此反射点就只有 B 和 D。当从 A 点发射将要到达 C 点的信号时，在该电力线网络中信号可能的传播路径为 A→B→D→B→C，A→B→C，A→B→D→B→D→B→C 等。不同路径传播过程中，由于阻抗失配会导致反射信号与原信号叠加从而产生信号衰减；多径带来的时延 τ 会使信号产生频率选择性衰落或平坦衰落，导致信号产生码间干扰。假设对于上述每条路径都有一个加权因子 g_i，加权因子可看成是每条路径的传输因子 t_i 和反射因子 r_i 的乘积，表示为

$$g_i = \prod_{k=1}^{M_1} \{t_{ik}\} \prod_{n=1}^{M_2} \{r_{in}\} \tag{2-9}$$

因为传输因子和反射因子都小于 1，所以随着反射路径的增多，加权因子会逐渐减小。因此，只要电力线上存在这种由于线缆分支所造成的阻抗不连续点，传输载波信号就会发生衰减且传输距离越长，衰减越大。路径的时延 τ_i 可通过介电常数 ε_r、线缆长度 d_i 和光速得到，具体可写为 c_0 得到，具体可以写为

$$\tau_i = \frac{d_i \sqrt{\varepsilon_r}}{c_0} \tag{2-10}$$

多径传播引起的信号衰减是各个路径信号分量的叠加组合，因此由 A 到 C 的频率响应可表示为

$$H(f)=\sum_{i=1}^{N}g_{\mathrm{i}}A(f,d_{\mathrm{i}})\mathrm{e}^{-\mathrm{j}2\pi f\tau_{\mathrm{i}}} \tag{2-11}$$

2.2 电力线信道噪声特性与建模方法

2.2.1 电力线信道噪声特性

噪声特性是描述电力线载波通信特征的重要参数之一。中、低压电力线由于自身的物理特性，其网络拓扑复杂，连接负载众多且经常发生变化，所以中、低压电力线载波信道噪声是多种不同性质噪声源的叠加，与普通的高斯白噪声差异较大。

电力线载波的噪声特性具有连续性、周期性、随机性与多变性。连续性是指由于电力网络中存在大量的用电设备因此会不断地产生各种噪声，并且这些噪声信号的周期、相位与功率各不相同；周期性是指通过统计发现，电力线的信道噪声的频率是工频（工频通常为 50Hz 或 60Hz）的整数倍；随机性是指由于电力线周围环境复杂，对于突发事件会引发脉冲噪声或是脉冲干扰群，严重影响通信的可靠性；多变性是指电力线信道噪声会因时而变，即同一电力线网络在不同时刻，其信道噪声的频率与功率也不同：同时也会因地而变，即对于不同电力线网络，其在相同时刻的频率与功率也不相同。根据目前的国内外研究现状，可将噪声归结为五种类型：有色背景噪声、窄带噪声、工频异步噪声、工频同步噪声和随机脉冲噪声。其中，一般可将前三类噪声定义为一般性背景噪声（又称有色背景噪声）。这三类噪声的特点是强度相对较低，持续时间长且通常在相对较长的一段时间（秒、分甚至小时）内变化很缓慢。而后两类噪声因为它们持续的时间短，一般均在毫秒（ms）到微秒（μs）范围内，但是它的功率谱密度较高，所以将其归纳为脉冲噪声。信道噪声的构成及分类如图 2-3 所示。

（1）有色背景噪声。有色背景噪声通常由电力线载波通信系统中的元件因电子热运动所产生的热噪声和小型电动机产生的谐波组合而成。在实际应用中，电力线载波通信系统正常运作就会产生电子热运动，从而引起热噪声。此外，很多家用电器（如豆浆机、吹风机等）中的小型发电机正常工作时就会产生谐波，因此正常使用电力线载波通信技术也会产生有色背景噪声。

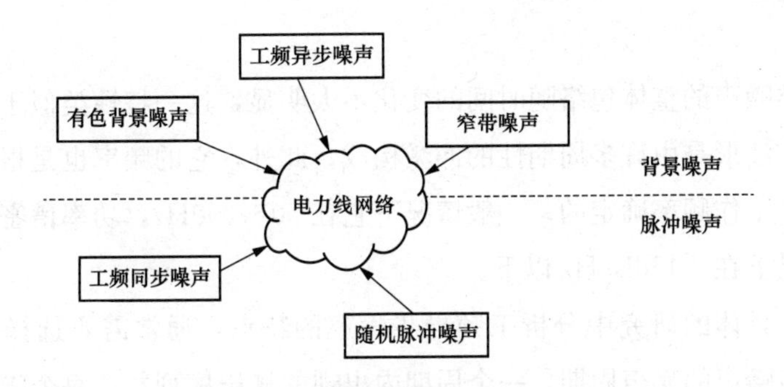

图 2-3　信道噪声的构成及分类

通过研究，我们发现有色背景噪声的时域波形变化不太明显，并且它的频谱占据了信号的整个带宽，在整个信号带宽内都存在。因此，在这种情况下，信号的频谱就可能被这种有色噪声淹没掉，从而大大降低信噪比，不利于通信。同时，有色背景噪声的频谱在低频附近取值较大，这是因为它的功率谱较小，并且分布在它的所有频域范围内，当频率变大时，它会略有减小的趋势。

通过研究发现，有色背景噪声的特性在总体上接近于高斯白噪声。特别是当电力线载波通信系统中存在许多该类噪声叠加时，我们通过中屯、极限定理可得知它的特点更加接近于高斯特性。

(2) 窄带噪声。窄带噪声的显著特点就是它的频带很窄，它一般是由串扰在电力线载波通信信道中由短波、中波广播发射的信号引起的。一般这种干扰随处可见，它也会持续比较长的时间，即使少的时候也有几小时，多的时候则可达数天。另外，在同一天里，由于受到大气层的影响，此类噪声的强度也会有所变化。但是通过观察总结发现，窄带噪声的干扰晚上要比白天的强度大。

通过研究发现，窄带噪声的特性相当于多个相互独立的正弦信号叠加而成，它的幅度随时间变化也较大，正如 AM 广播信号一样。相对应的，它的频谱也特别窄，并且在信号带宽内，通常会出现多个类似的窄带。

基于以上原因，我们通常利用频谱每个窄带里出现的冲激数，以及窄带的频带宽度和每个窄带的频率这些参数来表示、描述一个窄带噪声及其特征。

(3) 工频异步噪声。工频异步噪声是一种周期性的噪声，但是它的频率却和工频异步，即它和工频之间不存在必然的直接联系。

通常情况下，这种类型的噪声是由配备显示器的电子设备引起的，例如常用的电视、PC 显示屏。它们进行 Z 字扫描时就会在电力线载波通信系统中产生工频异步噪声。

因为这类噪声的整体包络随时间的变化不太明显，这一特性类似于有色背景噪声，但是它的波形是由许多周期性的冲激构成。此外，它的频率也是根据引起这类噪声的显示屏工作频率确定的，一般情况下它在 50～200Hz，功率谱密度的值也较小，通常情况下在－45dB/Hz 以下。

为便于在具体的研究中分析工频异步噪声的特点，通常需要选择的参数主要有：工频异步噪声的噪声周期，一个周期内出现的噪声序列数，每个噪声序列的时长和它们的时间间隔。

(4) 工频同步噪声。顾名思义工频同步噪声就是指它的频率和工频同步。通过分析发现，它的波形呈现周期性，也是电力线载波通信系统中的一种常见噪声。该类型的噪声主要是由与接入到电力线载波通信系统中与电力工频同步的电气设备引起的。一般情况下，工频同步噪声从整体上来看持续时间较长。但是，在一个周期内，单个噪声序列的持续时间是比较短的，该特性类似于冲激，或看作是一系列周期脉冲。人们利用噪声的这个特性，通过在噪声序列出现的空隙加入传输信号，就能抑制这种噪声的干扰。

而这里所说的工频同步，是指它的频率和工频呈整数倍关系。通常来说是 50Hz 或 100Hz，因为我国的标准电力工频频率是 50Hz。此外，工频同步噪声的功率密度值比较小，但是它的频率范围却较宽，并且随着频率的增加，概率密度会有所减小。

(5) 随机脉冲噪声。随机脉冲噪声可分为两种类型，即异步脉冲噪声和周期脉冲噪声。这里主要指异步脉冲噪声。异步脉冲噪声是宽带电力线载波通信系统中的主要噪声。它的特点主要是脉冲持续时间短、出现时间随机、功率大，通常比背景噪声的功率高出 50dB。由这些特征可知道脉冲主要出现在瞬态变化的过程中，这主要是由接入和断开电器设备造成的。

这类噪声中的脉冲不具有周期性，它一般是因为在操作开关的瞬间，电力线载波通信中的电气设备所产生的噪声，也可能是由于雷电引起的。因此它们的持续时长较小，一般只有几微秒，此外这类噪声通常随机出现。这是由于接入电力线载波通信系统的某个电气设备，它的开关时刻是随机发生、没有规律的，接入和断开都由操作人员决定。但是观察统计数据发现，通常情况下 7～9 时，以及 19～24 时，因为人们在这两个时间段内使用计算机或家电，再加上城区人口密度较大，这就造成随机脉冲噪声也相对比较集中。

因为开关操作的时间较短，产生的随机噪声中冲激的持续时间就很短，这就使得它的频带较宽。但是随机脉冲功率谱中的能量比较聚集，功率谱值也比较大，一般情况下该类噪声会比背景噪声的强度大 50dB，这会严重影响电力线载波通信系统的通信质量。

但幸运的是，在电力线载波通信系统中随机脉冲噪声相对于信号的传输速率，它发生的概率比较小，对电力线载波通信的通信质量影响也较小。但是由于随机脉冲的强度较大，容易引起位错误，所以也很有必要对其进行衰减研究，为推广电力线载波通信的应用打下基础。

2.2.2　电力线信道噪声建模方法

电力线信道噪声特性复杂，种类繁多，起因各不相同，严重影响信号传输的速率和准确率，因此，需要针对不同的噪声特征归纳分类，找到准确的噪声模型，对症下药，以提高电力线通信系统的通信性能。

(1) 有色背景噪声的模型。通过实验研究发现有色背景噪声的时域特征不明显，但是它在频域却有明显的独特特征，所以通过对高斯白噪声整形，利用频域建模法来产生，它的模型如图 2-4 所示。

高斯白噪声(方差σ) → 整形滤波器$H(z)$ → 有色背景噪声

图 2-4　有色背景噪声的仿真模型

为了实现良好的整形滤波效果，该模型需要满足式 (2-12) 所示的传输特性，它是根据目前最有效和最受欢迎的 AR 运算模型确定的。

$$H(z)=\frac{1}{A(z)}=\frac{1}{1+\sum_{i=1}^{n}a_i z^{-1}} \tag{2-12}$$

式 (2-12) 中分母部分的 $A(z)$ 是指自回归部分，但是 AR 模型中移动部分的平均分子为 1。通常我们通过 n 和 a_i 来描述滤波器的传输特性，其中 n 是滤波器的阶数，a_i 是滤波器的系数。接下来将 $z=e^{j\omega}$ 代入到式 (2-12) 中，从而得到

$$H(\omega)=\frac{1}{1+\sum_{i=1}^{n}a_i e^{-j\omega}} \tag{2-13}$$

假设载波通信现场高斯白噪声的方差为 σ，功率谱密度函数 $N(\omega)$ 为 σ^2。然后

将产生的高斯白噪声通过滤波器 $H(\omega)$ 进行整形处理，最后就得到了有色背景噪声。它的功率谱密度可表示为

$$P(\omega) = N(\omega) \mid H(\omega) \mid^2 = \frac{\sigma^2}{\left| 1 + \sum_{i=1}^{n} a_i \mathrm{e}^{-\mathrm{j}i\omega} \right|^2} \tag{2-14}$$

通过以上分析，我们可通过设置 σ、n 和 a_i 等参数即可得到我们需要的有色背景噪声。一般情况下，为了研究方便，将 σ 设置为 1，但是需要通过奇异值分解法和 LD 快速递推法来设置 n 和 a_i 这两个参数。

(2) 窄带噪声模型。通过研究发现，窄带噪声的频谱是由一系列含有若干个冲激的窄带信号组成，因此可将它认为是若干个相互独立的正弦信号叠加的结果，即

$$N(t) = \sum_{i=1}^{n} A_i \sin(2\pi f_i + \varphi_i) \tag{2-15}$$

式中：A_i 代表窄带噪声中的某个叠加正弦信号的幅度值；f_i 是该信号的频率；φ_i 是它的相位。本书中对窄带噪声的幅度做了统一归一化处理，所以该表达式中的幅度忽略了它的时变性。

(3) 工频异步噪声模型。工频异步噪声的时域波形具有周期性，但是该周期一般非常小，因此通常忽略不计。而它的频率一般在 50～200MHz，取值较大。通过对实测噪声观察发现，工频异步噪声的幅度在整体上几乎不随时间发生变化，这类似于有色背景噪声的特性，这也是它被归为背景噪声的原因。所以通常将高斯白噪声通过合适的滤波器，利用周期脉冲加权求和的方法，使得到的背景噪声在包络上表现为周期性的冲激，这样就仿真得到了工频异步噪声。采用图 2-5 的模型来对工频异步噪声进行建模。

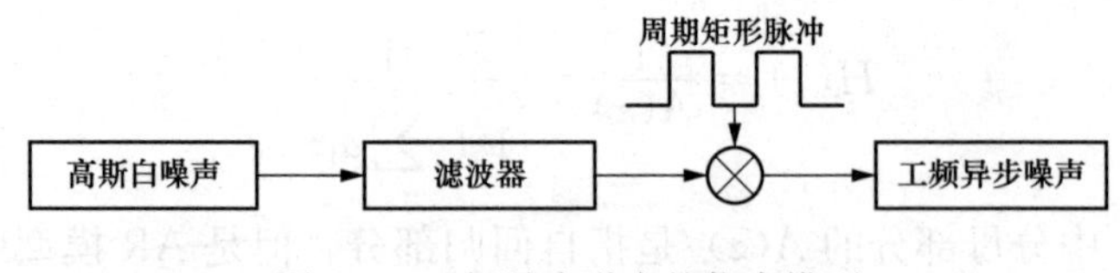

图 2-5　工频异步噪声的仿真模型

想要尽可能逼真地模拟工频异步噪声，我们就必须先对其进行数学建模，通过确定的数学表达式对其进行描述。首先，令所用到的周期矩形脉冲是由脉宽为 t_B，幅值为 A，周期为 T_0 的矩形 $r(t)$ 的组成。通过对 $r(t)$ 进行傅里叶变换，即可得到 $r(t)$ 的频谱 $R(f)$，即

$$R(f)=\frac{At_{\mathrm{B}}\sin(\pi f t_{\mathrm{B}})}{\pi f t_{\mathrm{B}}} \tag{2-16}$$

接下来利用单个矩形脉冲和周期化脉冲信号在时域进行相乘，即可得到整个周期矩形脉冲信号的频谱，可表示为

$$S(f)=\frac{At_{\mathrm{B}}\sin(\pi f t_{\mathrm{B}})}{T_0\pi f t_{\mathrm{B}}}\sum_{n=-\infty}^{+\infty}\delta\left(f-\frac{n}{T_0}\right) \tag{2-17}$$

令为有色背景噪声的时域表达式，则它的频谱可表示为 $N(f)$，那么将该噪声和周期矩形脉冲在时域相乘，就得到了最终需要的工频异步噪声，其表达式为

$$Y(f)=N(f)S(f)=\frac{At_{\mathrm{B}}\sin(\pi f t_{\mathrm{B}})}{T_0\pi f t_{\mathrm{B}}}\sum_{n=-\infty}^{+\infty}N\left(f-\frac{n}{T_0}\right) \tag{2-18}$$

(4) 脉冲噪声模型。电力线载波通信中的脉冲噪声主要是由于接入电力线通信网络中的某个电气设备在某一刻突然打开或关闭所引起的。因为该电气设备的接入和断开不具有规律性，它完全是由电器使用人员决定的。因此，它在电力线通信网络中引起的脉冲噪声也不具有规律性，它完全是随机出现的。

电力线载波通信中的数据位发生错误或是突发事件错误时，往往都是由脉冲噪声引起的。这里主要简单讨论电力线载波通信系统中异步脉冲噪声和周期脉冲噪声统计模型，研究模型的关键参数，方便模型仿真的实现。

尽管提出的噪声抑制方法是无参数的，但是这些统计模型可仿真各种脉冲噪声环境，同时也可测量所提出算法的鲁棒性。图 2-6 是电力线载波通信中消除脉冲噪声的系统模型。

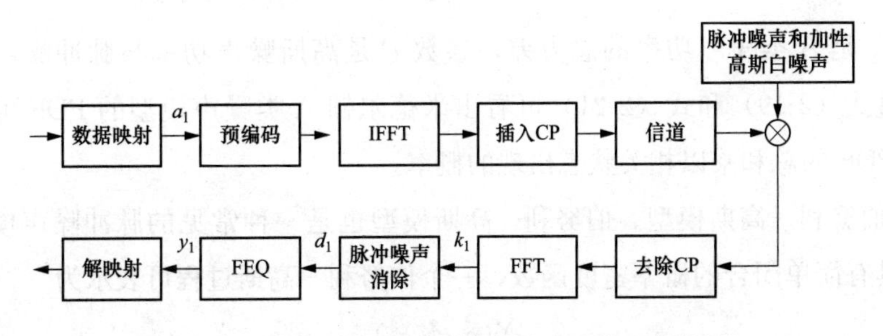

图 2-6 电力线载波通信中消除脉冲噪声系统模型

电力线脉冲噪声是影响电力线通信的主要原因，因此针对电力线脉冲噪声模型的研究也较多，大多数关于电力线信道噪声的研究是基于米德尔顿（Middleton）理论来描述非高斯噪声。电力线脉冲噪声模型可以分成两类：①无记忆的，如米德

尔顿A类（Middleton class-A）和伯努利—高斯模型（Bernoulli-Gaussian，BG），其特点是已有相关规范、概率密度函数表达简单；②有记忆的模型：此模型可更实际地表示脉冲噪声的突发，所以更加准确，这一类模型包括马尔可夫链（Markov chains）和高斯循环，此类模型的特点是基于确定适当数量的状态和与每个状态相关的噪声分布。

1）米德尔顿A类模型。米德尔顿A类模型包含两个主要组成部分：高斯噪声和脉冲噪声。背景噪声和窄带噪声用高斯噪声建模，同步和异步脉冲噪声用脉冲噪声建模。σ_{I}^{2} 代表脉噪声的方差，σ_{G}^{2} 是背景噪声方差，噪声采样点 n_{k}。米德尔顿A类模型的概率密度函数（PDF）可表示为

$$p_{z_{p}}(z_{p})=\sum_{m=0}^{\infty}\alpha_{m}p_{z_{p}|m}(z_{p}\mid m) \tag{2-19}$$

$$\alpha_{m}=\frac{A^{m}e^{-A}}{m!} \tag{2-20}$$

$$p_{z_{p}|m}(z_{p}\mid m)=\frac{1}{\pi N_{p,m}}\exp\left(\frac{-|z_{p}|^{2}}{N_{p,m}}\right) \tag{2-21}$$

式中：z_{p} 为复随机变量；$N_{p,m}$表示特定状态的噪声方差；A 是脉冲指数在一秒钟内平均脉冲数和每个脉冲平均持续时间的乘积，较小的脉冲指数持续时间短、脉冲幅度高，较大的脉冲指数类似于高斯噪声，对于不同的PLC环境，A 通常取值在0.001～0.35。研究表明随着脉冲指数的减小，脉冲幅值越高。特定状态的方差为

$$N_{p,m}=\beta_{m}N_{p},\quad \beta_{m}=\frac{m/A+\Gamma}{1+\Gamma},\quad N_{p,m}=\frac{m/A+\Gamma}{1+\Gamma}N_{p}$$

式中：N_{p} 是A类噪声功率的总方差；参数 Γ 是高斯噪声功率与脉冲噪声功率之比。通过式（2-19）和式（2-21）可看出米德尔顿A类噪声模型的PDF可看作所有高斯PDF的总和乘以相关状态出现的概率。

2）伯努利—高斯模型。伯努利—高斯模型也是一种常见的脉冲噪声模型，其特点是具有简单闭合的概率密度函数，一个伯努利—高斯过程可表示为

$$X(\rho,\sigma_{1}^{2},\sigma_{2}^{2}) \tag{2-22}$$

式中：$\rho\in[0,1]$ 表示脉冲概率；σ_{1}^{2} 是背景噪声功率；σ_{2}^{2} 是脉冲噪声功率且 $\sigma_{2}^{2}>\sigma_{1}^{2}$。

一个伯努利—高斯过程在两个独立的高斯状态 Φ 之间随机切换，两个独立的高斯状态可表示为

$$\begin{cases}\phi_n \sim B(1,\rho) \\ (x_n \mid \phi_n) \sim N(0,\sigma_1^2+\phi_n\sigma_2^2)\end{cases} \tag{2-23}$$

x_n 是独立且 PDF 相同的观测值，PDF 为

$$\begin{aligned} f_X(x) &= p_\Phi(0) f_X(x \mid \Phi=0) + p_\Phi(1) f_X(x \mid \Phi=1) \\ &= \frac{\rho}{\sqrt{2\pi\sigma_1^2}} e^{-\frac{x^2}{2\sigma_1^2}} + \frac{1-\rho}{\sqrt{2\pi(\sigma_1^2+\sigma_2^2)}} e^{-\frac{x^2}{2(\sigma_1^2+\sigma_2^2)}} \end{aligned} \tag{2-24}$$

3）马尔可夫—米德尔顿模型。马尔可夫—米德尔顿模型考虑了脉冲噪声的时序性以及脉冲噪声之间产生的关联。它在米德尔顿 A 类理论的基础之上加入了马尔可夫链。马尔可夫链中的状态对应于脉冲噪声的方差。

参数 A、Γ、P_i 的确定与随机脉冲建模过程类似，马尔可夫状态维持参数 x 决定着处于某一特定状态的平均时间。这个值一般通过测量获得，可表示为

$$x = 1 - \frac{1}{\bar{n}_I P_0} \tag{2-25}$$

式中：$\bar{n}_I$ 是采样点中的平均脉冲持续时间。

4）高斯循环平稳噪声模型。该模型主要针对室外 NB-PLC 噪声，利用短时傅里叶变换（STFT）得到 NB-PLC 的时域和频域特性。

NB-PLC 中的噪声在时域和频域都呈现出周期性，因此 NB-PLC 噪声可视为是一个周期性的循环平稳随机过程，其模型如图 2-7 所示。

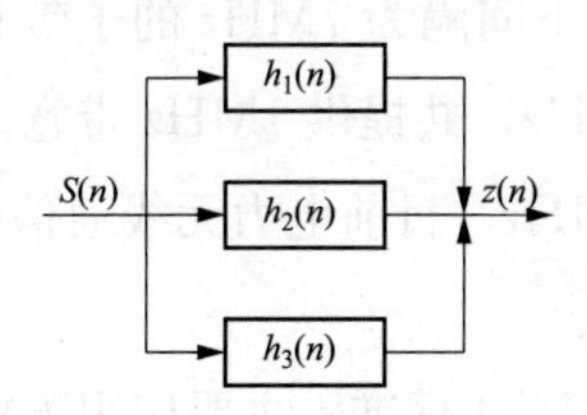

图 2-7 NB-PLC 循环平稳噪声模型

每一个周期均可被分成 N_R 个平稳噪声过程，每一个平稳噪声过程均可看成一个均值为零、方差为 1 的高斯过程 $S(n)\sim N(0,1)$，经过一个离散时间线性时不变（LTI）滤波器 $h_j(n)$。因此每个区间的平均噪声功率可表示为 $E[|z(n)|^2]=\|h_j(n)\|^2$，$n\in I_j$，其中 $E(\cdot)$ 是求期望运算，I_j 代表在第 j 个时间区间噪声采样点的集合。因此 NB-PLC 信道的噪声可建模为：含有 N_R 个平稳噪声过程的集合，每个平稳过程的间隔 $\{I_j:1\leqslant j\leqslant N_R\}$，每个区间的 LTI 滤波器表示为 $\{h_j(n):1\leqslant j\leqslant N_R\}$，每一个区间对应的噪声功率为 $\{\tilde{\sigma}_{p,jk}^2:1\leqslant j\leqslant N_R\}$，通过以上分析

PLC 链路的平均噪声功率可表示为

$$\sigma_{\mathrm{p}}^{2}=\frac{1}{N}\sum_{k=0}^{N-1}\sum_{j=1}^{N_{\mathrm{R}}}R_{\mathrm{j}}\widetilde{\sigma}_{\mathrm{p,jk}}^{2} \tag{2-26}$$

式中：R_{j} 代表第 j 个噪区间在噪声中期所占的相对时长比，通常 $N_{\mathrm{R}}=3$

$$\sigma_{\mathrm{p}}^{2}=\frac{1}{N}\sum_{k=0}^{N-1}R_{1}\widetilde{\sigma}_{\mathrm{p,1k}}^{2}+R_{2}\widetilde{\sigma}_{\mathrm{p,2k}}^{2}+R_{3}\widetilde{\sigma}_{\mathrm{p,3k}}^{2} \tag{2-27}$$

2.3 无线信道衰减模型

电力线无线通信技术先后经历了电路、局域以太网和 IP 广域网三个时期。无线电路通信采用 230MHz 数传电台，采用简单时分复用机制来轮训用户端，这种技术体制主要用于传统电网单一业务、点对点通信阶段，目前主要应用在 10kV 点对点、固定模式业务中；无线以太网可以满足小型局域网、较多样化业务承载的需求。主要的应用场景是配电自动化、用电信息采集这类局域电网，业务要求具有一定网络级通信能力；IP 广域网主要体现其大网的特征，无线接入网与核心网紧密结合，从而支撑众多的 IP 无线终端接入，以及多样化的 IP 承载业务。国内可使用的 ISM（Industrial Scientific Medical）频率是 433MHz 和 2.4GHz。此外，国内 223～235MHz 可用于行业遥感、遥控、数据传输，其中电力行业拥有 40 个授权频点，在 223～235MHz 中共有 15 对上下间隔为 7MHz 的子带和 10 个单独的时分子带可以使用，每个子带的带宽是 25kHz，共提供 1MHz 带宽。最新的 IEEE 802.11AH 在我国的可用频率为 755～787MHz。目前电力无线通信中比较常用的技术包括蓝牙、ZigBee、WiFi、Sub-1GHz 等。

ZigBee 是基于 IEEE 802.15.4 标准，主要应用于短距离且数据传输速率不高的应用场景，使用 2.4G 波段，采用的是调频技术。WiFi 是一种无线局域网通信协议，基于 IEEE 802.11 标准，工作频率在 2.4GHz，其特点是速率高、成本低、传输距离适中。S1G（Sub-1GHz）是长距离和低功耗的理想选择，其绕射能力强，在工业数据采集领域被广泛应用，S1G 无线通信抗突发干扰能力强，其相较于 WiFi、ZigBee 来讲功耗更低、传输距离更远、通信成本更低、抗干扰能力更强。国家电网有限公司颁布的微功率无线协议是我国较为流行的一种 S1G 无线通信标准，主要面向用电信息采集场景，正在制订中的 IEEE 802.11AH 在 S1G 技术的基础之上，实现了进一步的优化、功耗进一步降低、覆盖范围更大、容纳节点更多，并且微功率无线通信不存在频谱授权的问题且技术相对成熟，通信指标基本满足智能用电需求，可作为 PLC 通信方式的补充。

无线通信中影响通信质量的原因与 PLC 不同，由于无线穿透能力弱，在传播过程中受到各种障碍物的影响，因此信号在传递过程中会出现反射、绕射和散射或直接被吸收，由此导致无线信号的衰弱。无线信道模型主要可以分为大尺度衰落和小尺度衰落。

2.3.1 大尺度衰落

大尺度衰落主要表现为路径损耗，因为传播距离的不同及变化，信号衰减特性也会变化，最终发射机与接收机中传播信号的平均功率也发生变化。

无线信号传输模型有很多种，其中较简单的模型是自由空间传输模型（Free Space Propagation Model）。无线信号传输的途径也有多种，其中常见的四类为反射、绕射、折射和散射。无线信号在自由空间中传输时，能量会不断衰减，这种衰减称为空间传输的损耗。该损耗的平均值以及最大值是自由空间信道损耗的基本指标。无线信号在自由空间中传输时，发射天线是向各个方向辐射且发射功率为 P_1。以发射源为中心，半径为 d 的球面上的单位面积功率可由式（2-28）计算

$$P_s = \frac{P_1}{4\pi d^2} \tag{2-28}$$

发射天线发射无线信号有一个主方向，此时的发射天线增益为 G_1，因此在主发射方向上的单位面积信号功率为

$$P_s = \frac{P_1 G_1}{4\pi d^2} \tag{2-29}$$

式中：P_1 为信号的发射功率；P_s 为单位面积上的信号功率；G_1 为发射天线的增益；d 为接收端到发射端的距离。

假设接收天线端的有效面积为 A，则接收天线所能接收到的功率为

$$P_2 = AP_s = A\frac{P_1 G_1}{4\pi d^2} \tag{2-30}$$

式中：A 为接收天线的有效面积；P_2 为天线接收到的信号功率。

而对于抛物面天线，假定天线口面场具有等相、等幅分布，则天线接收端的有效面积

$$A = \frac{G_2 \lambda^2}{4\pi} \tag{2-31}$$

式中：λ 为自由空间的波长；G_2 为接收天线的增益。将式（2-31）代入式（2-30）可得

$$P_2 = P_1 G_1 G_2 \left(\frac{\lambda}{4\pi d}\right)^2 \tag{2-32}$$

定义 L_s 为无线信号传播损耗值为

$$L_s = \left(\frac{4\pi f d}{c}\right)^2 \tag{2-33}$$

式中：f 为无线传输信号的频率；c 为光速，则

$$\frac{P_1}{P_2} = \frac{L_s}{G_1 G_2} \tag{2-34}$$

通过式（2-32）可看出，接收机接收到的功率与发射端到接收端之间的距离 d 有关，距离越远，衰减越大，呈平方衰减。由式（2-34）可知，在自由空间中，无线信号的传播损耗值大小与信号传输距离及无线信号频率的平方成正比。

由空间传输模型作为无线信号传输的基本模型，其公式表征了接收信号的场强值与距离之间的函数关系

$$\overline{PL}(d)[\mathrm{dB}] = \overline{PL}(d_0) + 10L_s \lg\left(\frac{d}{d_0}\right) \tag{2-35}$$

式中：$\overline{PL}(d)$ 为收发设备间距离为 d 时的平均路径损耗，dB；$\overline{PL}(d_0)$ 为近地距离 d_0（一般取为 1m）时的参考路径损耗；L_s 为传播损耗值。

在实际的无线信号传输环境下，由于障碍物以及其他无线信号的干扰，其传输损耗要比自由空间传输模型大得多。因此，不能将自由空间传输模型直接应用到计量自动化系统的微功率无线通信信道中去。基于此，在自由空间传输模型的基础上加入随机正态分布函数 X_σ，提出一种新的修正模型，即对数路径损耗模型（Logarithmic Path Loss Model）

$$\overline{PL}(d)[\mathrm{dB}] = \overline{PL}(d_0) + 10L_s \lg\left(\frac{d}{d_0}\right) + X_\sigma \tag{2-36}$$

式中：X_σ 为均值 0，具有高斯分布的随机变量；σ 为标准偏差，不同的传播环境，传输信道的不同，σ 值也不同，而且会产生阴影效应。

经过大量的实验结果表明，在不同的测试环境下，随着遮挡物越多，环境越复杂，信号越容易发生各种衰减，此时路径损耗 L_s、正态分布函数修正值 X_σ 会随之增大。

2.3.2　小尺度衰落

由于发射信号遇到阻碍物后，传播路径发生改变，原本发射信号只沿一条直线路径传播，遇到阻碍物后，会变成两条或多条路径，最终均可到达接收端，但是到达的时间不一致，会导致接收场强发生快速的波动，这种模型叫做小尺度衰落。小尺度衰落主要表现为多径效应、多普勒扩展、阴影衰落等特征。

传输信号经过反射、绕射、折射或散射后，其幅值、时延和相位会发生改变，当最终到达接收端时，多种路径信号进行叠加后得到的接收信号幅度和相位变化很大。当接收端接收到的多路径无线传输信号中不存在通过视距路径（LoS）到达的，也就是发射信号传输路径全部发生改变，可认为其幅值服从瑞利分布，瑞利分布的概率密度函数为

$$P(z)=\frac{z}{\delta^2}\exp\left(-\frac{z^2}{2\delta^2}\right) \tag{2-37}$$

式中：δ^2 为多径参数；$z>0$。当接收端接收到的多路径无线传输信号中存在通过视距路径到达的，则其幅值服从莱斯分布，莱斯分布的概率密度函数为

$$P(z)=\frac{z}{\delta^2}\exp\left[-\frac{z^2}{2\delta^2}(z^2+A^2)\right]I_0\left(\frac{Bz}{\delta^2}\right) \tag{2-38}$$

式中：I_0 为修正的0阶第一类贝塞尔函数；B 为多径叠加后的接收信号幅值。

针对时延问题，可用平均附加时延、时延扩展均方根等参数来表示，这些参数可通过无线通信中的功率延迟分布来求得。功率延迟分布的最大扩展延迟定义为多径功率下降到最大功率处的延迟时间。功率延迟分布的定义式为

$$P(s)=E[\mid h(s)\mid^2] \tag{2-39}$$

式中：$h(s)$ 为传输信道的冲激响应。

接收信号的相位跟传输路径长度有关，当发射信号传输距离达到一个波长时，接收信号的相位发生 2π 的改变。

2.4　无线信道噪声特性建模方法

通常无线通信在用电信息采集环境或是其他电力应用时，往往将无线信道噪声建立为高斯加性白噪声（AWGN），AWGN 复高斯对称变量的概率密度函数可表示为

$$p(z_{\mathrm{w}})=\frac{1}{\pi N_{\mathrm{w}}}\exp\left(\frac{-|z_{\mathrm{w}}|^{2}}{N_{\mathrm{w}}}\right) \tag{2-40}$$

实际上，无论是在室内还是在室外环境下，无线信道总会收到脉冲噪声的影响，室内无线信道中脉冲噪声的主要来源是我们日常生活中经常使用的一些设备，如复印机、打印机、微波炉、吹风机等。室外环境中脉冲噪声来源可能是由于相同覆盖区域内遵循不同标准的设备，因而不同设备之间会产生干扰。因此将无线信道的噪声建立为简单的高斯白噪声模型并不符合实际的应用场景。当噪声具有脉冲性时，非高斯特性会引起基于高斯特性的信号处理系统的性能显著退化，因此在此场景下非高斯噪声模型更符合实际情况。通常非高斯噪声模型可分成三类米德尔顿 A 类噪声模型，此模型在电力线噪声模型中已被提及，在此不赘述。第二类和第三类分别是对称 α-稳定分布模型和混合高斯模型（GM）。

2.4.1 对称 α-稳定分布模型

对称 α-稳定分布模型是由 α-稳定分布模型得来，α-稳定分布模型的定义为

$$\varphi(t)=\exp\{\mathrm{j}\mu t-\gamma|t|^{\alpha}[1+\mathrm{j}\beta sign(t)\omega(t,\alpha)]\} \tag{2-41}$$

式中

$$\omega(t,\alpha)=\begin{cases}\tan\dfrac{\alpha\pi}{2} & \alpha\neq 1\\ \dfrac{2}{\pi}\log|t| & \alpha=1\end{cases},0<\alpha\leqslant 2,1\leqslant\beta\leqslant 1,\gamma\geqslant 0 \tag{2-42}$$

从式（2-42）中可看出，α-稳定分布模型可由以下四个参数确定：

（1）特征指数 α。特征指数决定着分布脉冲特性的程度。随着 α 值变小，分布拖尾越厚，脉冲特性越明显；反之，随着 α 值变大，分布拖尾越薄，脉冲特性越不明显。

（2）对称参数 β。对称参数决定着分布的非对称程度，当 $\beta=0$ 时，对应的分布是对称的，此时的分布称之为 α-对称稳定分布。

（3）位置参数 μ。位置参数对应 SaS 分布，当 $\mu=0$，$\beta=0$，$\gamma=1$ 时，称之为标准 SaS。

（4）离差参数 γ。离差参数是度量样本偏离其均值程度大小的参数。

通过对 α-稳定分布模型的特征函数进行傅里叶逆变换可得到其概率密度函数为

$$p(x,\alpha,\beta,\gamma)=\frac{1}{\pi}\int_{0}^{\infty}\exp(-\gamma t^{\alpha})\cos[xt+\beta t^{\alpha}\omega(t,\alpha)]\mathrm{d}t \tag{2-43}$$

通过研究发现，特征指数 α 越小，脉冲噪声越明显；α 越大，脉冲噪声越微弱。当 $\alpha=2$ 时，相当于高斯白噪声。

2.4.2 混合高斯模型

混合高斯模型的概率密度函数是由一组高斯分布的概率密度函数加权求和而成的，由于 S1G 无线通信中易受周围相同频段非协调不同设备的干扰，因此该模型更符合用电信息采集场景。研究表明，2～4 项的混合高斯模型可解决大多数的实际问题，S1G 的无线噪声建模为两种高斯噪声组合而成的混合随机过程。混合高斯概率密度函数可以表示为

$$p(z)=\sum_{m=0}^{M-1}\frac{\alpha_{\omega,\mathrm{m}}}{\pi\sigma_{\omega,\mathrm{m}}^{2}}\exp\left(-\frac{|z|}{\sigma_{\omega,\mathrm{m}}^{2}}\right) \tag{2-44}$$

式中：$\alpha_{\omega,\mathrm{m}}$是第 m 个高斯状态的概率；m 是不同噪声高斯过程总数。每一个噪声的方差可表示为 $\sigma_{\omega,\mathrm{m}}^2$，所有噪声状态的平均方差可表示为噪声的频域 σ_{ω}^2。噪声的频域可以表示为

$$Z_{\mathrm{k}}=\frac{1}{\sqrt{N}}\sum_{n=0}^{N-1}\zeta_{\mathrm{kn}},k=0,1,\cdots,N-1 \tag{2-45}$$

式中：N 是 FFT 的大小，$\zeta_{\mathrm{kn}}=z_{\mathrm{n}}\mathrm{e}^{-\mathrm{j}\frac{2\pi}{N}kn}$，$\zeta_{\mathrm{kn}}$的 PDF 服从均值为零方差 $\sigma_{\omega,\mathrm{m}}$的高斯分布，即 $\zeta_{\mathrm{kn}}\mid m\sim N(0,\sigma_{\omega,\mathrm{m}}^2)$，对于 $M=2$ 的情况

$$Z_{\mathrm{k}}\sim\sum_{i=0}^{N}\begin{pmatrix}N\\ i\end{pmatrix}\alpha_{\omega,0}^{\mathrm{i}}\alpha_{\omega,1}^{N-\mathrm{i}}N(0,\bar{\sigma}_{\omega,\mathrm{i}}^{2}) \tag{2-46}$$

其中 $\bar{\sigma}_{\omega,\mathrm{i}}^2=\frac{1}{N}[i\sigma_{\omega,0}^2+(N-1)\sigma_{\omega,1}^2]$。

综上，$Z_{\omega,\mathrm{k}}^1$服从均值为零方差 $\bar{\sigma}_{\omega,\mathrm{lk}}^2=\bar{\sigma}_{\omega,\mathrm{i}}^2$的高斯分布，$Z_{\omega,\mathrm{k}}^1\mid i\sim N(0,\bar{\sigma}_{\omega,\mathrm{i}}^2)$，$\sigma_{\omega}^2$可看作由 $\bar{\sigma}_{\omega,\mathrm{i}}^2$组合而成，因此

$$\sigma_{\omega}^{2}=\sum_{i=0}^{N}\begin{pmatrix}N\\ i\end{pmatrix}\alpha_{\omega,0}^{i}\alpha_{\omega,1}^{N-i}\bar{\sigma}_{\omega,\mathrm{i}}^{2} \tag{2-47}$$

2.5 小　　结

本章分别针对电力线的信道特性、无线的信道特性进行了详细的分析，针对电力线信道多径传播引起的频率选择性衰落与电力传输线物理特性导致的衰减特性进

行建模分析；针对电力线的噪声特性进行总结归纳，针对电力线脉冲噪声的米德尔顿A类噪声模型、伯努利—高斯模型、马尔可夫—米德尔顿模型、高斯循环平稳脉冲噪声进行建模分析；针对无线信道的衰减特性，研究了无线信道大尺度衰落与小尺度衰落模型；针对无线信道的噪声特性，主要研究了 α-稳定分布、混合高斯模型两类非高斯噪声模型。

关于电力线与无线信道特性的总结见表 2-1。

表 2-1　电力线与无线信道特性的总结

信道特性	电力线	无线
衰减特性	主要影响因素是电缆物理性质	严重依赖于通信周围的环境
频率选择性	主要由于传播阻抗不连续导致	主要原因是信号的反射、散射、衍射等
时间选择性	线缆阻抗的短期或长期变化	由于接收端或发射端产生的相对运动
路径衰减	多径衰落模型	大多为瑞利衰落或莱斯衰落
噪声特性	有色背景噪声、窄带噪声、脉冲噪声等	高斯或混合高斯噪声

第3章

宽带双模通信系统

3.1 宽带双模通信系统基础

3.1.1 宽带双模通信系统结构图

基于宽带双模通信的用电信息采集系统主要由管理系统主站软件、集中器、电能表、电力线载波/微功率无线双模模块等组成，其系统图如图 3-1 所示。

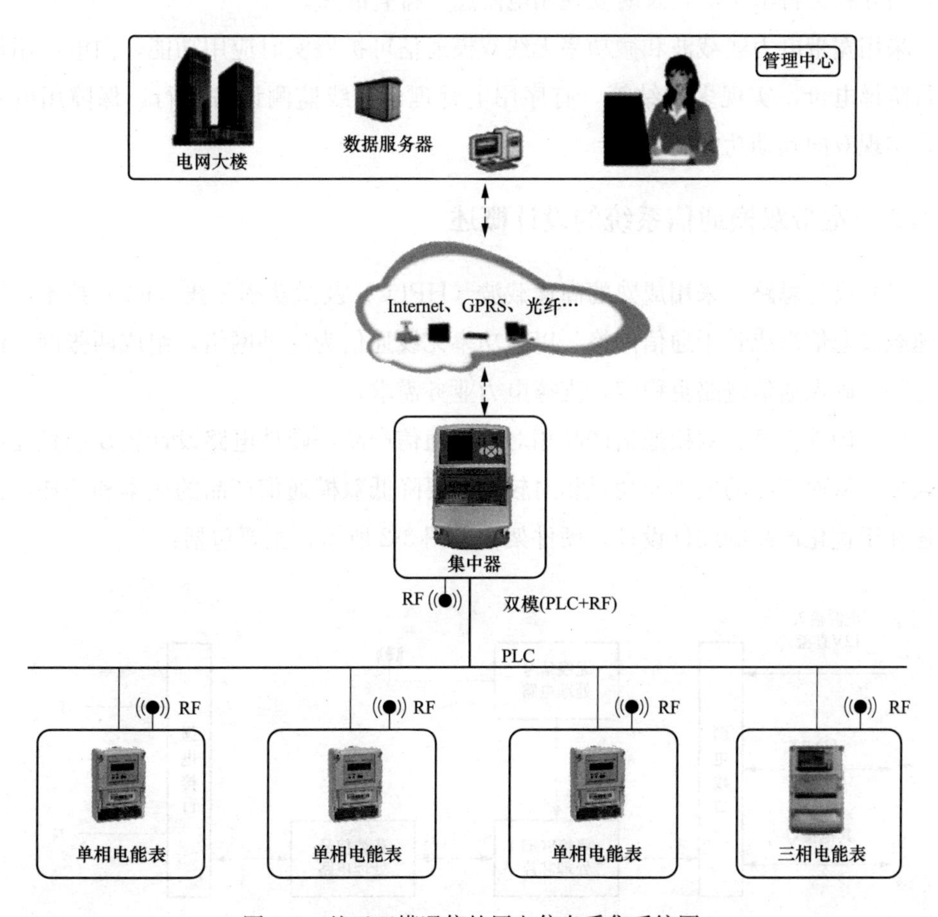

图 3-1　基于双模通信的用电信息采集系统图

系统以宽带电力线载波为骨干网络，对于干扰严重或衰减较大载波信号无法传输的情况，采用微功率无线通信，双模自动切换且无需人工干预；微功率无线无需参与组网，只需完成一级通信，避免了微功率无线组网不稳定的缺陷，有效提高了通信链路的稳定性。

宽带电力线载波/微功率无线双模模块（简称双模模块）具有宽带电力线载波和微功率无线两种通信方式，宽带电力线载波和微功率无线互相桥接、互为补充、自动切换，对于宽带电力线载波无法通信或微功率无线通信不稳定的“孤岛”，通过双模模块将载波信号和微功率无线信号相互转换中继，完成数据的传输。

通过实时采集、存储、分析、核算电力用户的用电信息，可帮助居民用户了解电价、停复电及缴费等信息，为企业用户提供节能减排、用电优化、安全用电等信息，指导社会科学用电，及时发现用电隐患、排查故障。

采用宽带电力线载波和微功率无线双模通信可扩展实时应用功能，向电力用户推行阶梯电价，实现多次结算，有序用电管理，在线监测设备运行，保障用电安全，实现双向互动功能。

3.1.2 宽带双模通信系统的设计概述

（1）设计思路。采用成熟的高速载波（HPLC）及微功率无线（RF）技术，以高速载波通信组成骨干通信网络，以微功率无线通信为辅助网络，组成两张网，优势互补，确保通信链路更稳定，支撑电力业务需求。

（2）硬件方案。双模通信产品相对单模通信产品，硬件电路设计较复杂且元器件较多，从而产品的成本及功耗相对较高。要降低双模通信产品的成本和功耗，关键还在于优化产品的硬件设计，硬件架构如图 3-2 所示，主要包括：

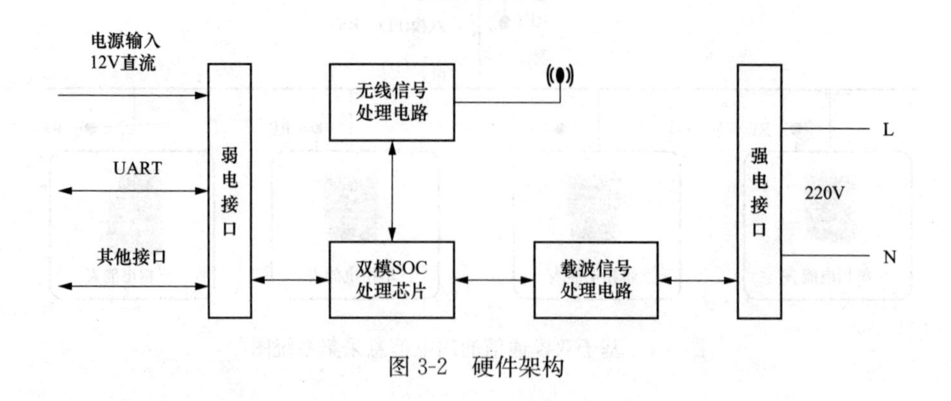

图 3-2 硬件架构

1）直接选用 HPLC 载波芯片作为主处理器，两种模块的通信处理器合二为一，减少元器件的数量，节约成本及功耗。

2）采用高效率的开关电源方案，减少因效率不高带来的电源自身损耗。

3）增加超级电容，在发送数据报文时超级电容临时存储瞬时功率，在发生停电事件时超级电容提供备用电源，支撑模块将事件上报。

（3）组网方案。载波、无线各自组网，在应用层进行报文转发管理。整个双模系统形成以载波通信为主、无线通信为辅的网络。正常数据采集使用高速载波通信，满足数据采集需求，当载波通信信道受阻时启用无线信道。

1）采用成熟的高速载波（HPLC）及微功率无线（RF）技术。

2）以高速载波通信组成骨干通信网络，以微功率无线通信为辅助网络。

3）无线通信并考虑到工信部对于 RF 频道的要求征求意见，无线采用频段自动选择，最终每个台区采用单一频点。为此重新设计组网算法，依据载波节点的在线情况进行设计，采用自下而上的组网策略。双模通信示意图如图 3-3 所示。

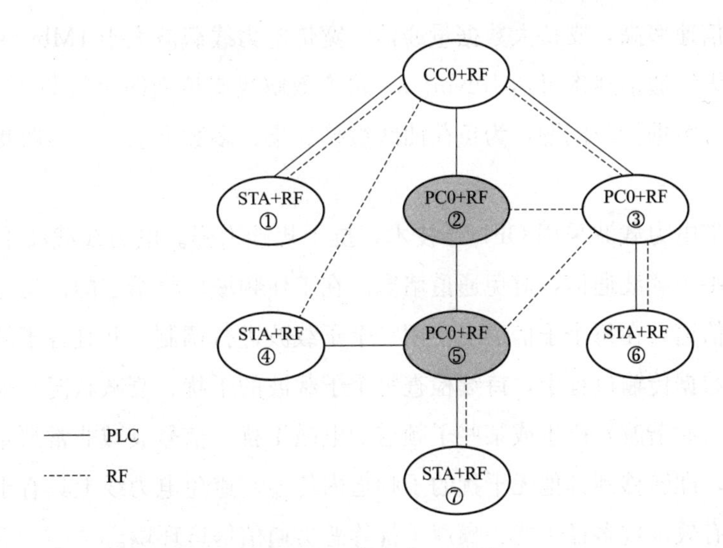

图 3-3 双模通信示意图

3.1.3 宽带双模通信系统的特点

基于宽带双模通信的用电信息采集系统方案通信可靠性更高、安全性更好，具有抄收速度快、抄收实时性好、数据准确性高、施工难度小、维护量少等特点。不仅大大提高了抄表工作的效率，而且能为供电企业提供远程用电管理的双向网络通信平台，从而轻易实现远程预付费、停复电和防窃电功能，并可增值用户电费查询、网上缴费等网络服务功能，是提高电力用户用电信息管理水平的重要技术手段。

基于宽带双模通信的用电信息采集系统方案，具有载波、微功率无线等单一通信方案无法比拟的优势：

(1) 双模自动切换，通信链路稳定。载波、无线各自组网，在应用层进行报文转发管理。整个双模系统形成以载波通信为主、无线通信为辅的网络：正常数据采集使用高速载波通信，满足数据采集需求，当载波通信信道受阻时，启用无线信道。双模网络的主备切换，增加网络的稳定性，既满足高速采集需求，又很好地支持停电上报。

(2) 对等双向通信，支持采集系统深化应用。模块组成主备双模通信网络，支持对等的双向通信，支持信息主动上报和停电上报功能，支持相位识别及台区识别功能，为系统运维及深化应用提供强有力的技术支持。

(3) 通信速率高，支持大数据量通信。宽带电力线载波大于 1Mbit/s 的通信速率，微功率无线通信速率可达 10Kbit/s，可有效解决支持面向对象 DL/T 698 协议电能表的组合数据抄收问题，为负荷曲线数据采集、多数据项组合抄收提供了通信基础。

(4) 宽带电力载波采用 OFDM 技术，抗干扰能力强。电力线载波采用 OFDM 技术，具有多子载波通信，避免通道堵塞。在工作频域内将给定的信道分成多个独立的正交子信道，在每个子信道上使用一个子载波进行调制，并且各子载波并行传输数据。在数据传输过程中，持续检查每个子载波的干扰、衰减状况。如果发现有突发的干扰（如谐波）产生或某些子频道的电磁干扰、信号衰减非常严重，可智能地做出调整，即转移到其他无干扰的子频道内传输，避免电力线上具有干扰源的频率范围，能有效抵抗多径干扰、噪声干扰等恶劣通信信道环境。

(5) 无线单跳单频点工作模式。无线通信采用成熟的 470MHz 通信技术，工作在单一频点，符合工业和信息化部无线电管理局《微功率无线电发射设备技术要求》的要求。

3.1.4 宽带双模通信系统的功能

系统具有数据采集、自动组网、自动中继、双模通信自动切换、远程费控、远程校时、信息主动上报等功能，具体描述见表 3-1。

表 3-1 宽带双模通信系统的功能

功能	描述
数据采集	根据设定的采集任务要求，可采用定时自动采集、人工召测、主动上报等方式采集电能量数据、交流模拟量、工况数据、电能质量越限统计数据和事件记录数据等，并统计、记录数据采集成功率、采集数据完整率。 支持 DL/T 698.45 面向对象互操性数据交换协议电能表的负荷曲线数据和多类组合数据传输
自动组网	通信单元具备在本地网络中唯一的地址标识，用于建立中继路由关系，能在无人工干预情况下，自动加入网络并接受集中器本地通信单元管理。 通过集中器可将上报的电能表地址与主站管理系统的电能表档案进行比对，确认档案正确性；动态组网可快速、准确地优化通信路径，从而提高抄通率
自动中继	无需人工干预，通信单元之间可自动建立数据传输的路由关系；当路由中的某个中继节点拆除或故障后，系统能立即自动找到一条新路由；当新通信单元加入系统中之后，也能立即建立新路由
双模通信自动切换	电力线载波和微功率无线通道之间自动切换，无需人工干预，通信链路稳定可靠
远程费控	主站管理系统可根据需要向终端或电能表下发远程拉合闸命令，控制用户开关跳闸、合闸或合闸允许
远程校时	主站管理系统可根据需要向终端或电能表远程下发校时命令，为系统分时计费和“四分”线损管理提供基础
信息主动上报	可根据设置，将电能表运行状态、事件信息等主动上报至主站管理系统（需集中器支持该功能）
支持深化应用	1）支持相位识别、台区识别功能，并基于此支持电能表“即装即采”。 2）支持电能表停电实时判断及上报。 3）支持高频率数据采集，数据在线监测等其他形式的深化应用需求

3.1.5 宽带双模通信系统的扩展应用

基于高速电力线载波和微功率无线融合通信技术的用电信息采集系统，通过增加设备可扩展以下应用范围：

（1）配电箱状态监控。自动监测配电箱的门开关状态、设备温度，加装红外设备可感知周边是否有人员靠近。

（2）户内显示单元。电能表与户内单元通过电力线载波/微功率无线实现互动，户内单元实现电能量显示、电费信息及电力系统信息发布。相关信息还可以通过与移动终端（用户 App）接入。

（3）负荷类型非侵入式监测。通过安装在重点负荷的电流互感器或者实时采集智能电能表的负荷信息，实现负荷特征提取，进行负荷异常分析及报警。实现非侵入式分析。

（4）水、电、燃气的接入。以智能电能表双模模块或加装双模采集器为网关，通过微功率无线或 M-bus 通信方式实现其他计量设备的接入，做到“四表”统一抄收。

3.2 OFDM 技术

OFDM，即正交频分复用技术，它是把信道分成若干个正交的子信道，将高速传输的数据信号转换成若干个子数据流，这样被分解得到的单个数据流就有比未分解前低得多的传输速率，然后这些低速数据流随即被调制成若干个子载波。数率足够低的子载波所占的带宽也会变得足够窄，因而衰落也会变得比较平坦，从而可消除码间干扰。而且被调制成的若干个子载波之间相互重叠且相互正交，因而使频谱利用率得到了最大限度的提高。因为 OFDM 通过串并变换，把高速传输的数据流分配到若干个并行传输的且传输速率相对较低的子信道中进行传输。其中每个子信道中的符号周期得到增加，因而可最大限度地减轻由无线信道多径时延扩展所带来时间的产生。而且可通过符号之间保护间隔的插入，从最大程度上消除多径所带来的符号间干扰。

OFDM 调制中，各个子载波上的信号频谱互相重叠，从而提高频带的利用率，然而如何满足这些子载波在整个符号周期上是正交的需要合理的选择载波间隔大小，也就是在一个符号周期内，必须满足任何两个子载波的乘积等于零。这样即便是各个载波上的信号频谱间相互重叠，也能无失真的复原出原来的信号。经过数学分析可知，只有当载波间的最小间隔等于符号周期倒数整数倍时，正交条件才能得到满足。为了使频谱效率得到最优的实现，一般取载波最小间隔等于符号周期的倒数。

当 OFDM 各个子载波的信号频谱叠加在一起的时候，它的信号频谱比较接近于矩形频谱，因而在理论上，频谱利用率，可达香农信号传输的极限。这一点与单载波系统相比有明显的优越性。因为在实际的应用中，难以实现适当的奈奎斯特滤波器，单载波系统的频带利用率很少超过 80%，而 OFDM 系统可实现近 100%的频谱利用率。

因此，OFDM 技术特别适用于电力线这种频率选择性衰落明显的信道，同时在无线信道中也采用 OFDM 方式，不仅可实现无线的高速稳定传输，也可实现电力线与无线调制解调、合并方式的整个融合系统的统一。

3.2.1　基本原理

传统的数字通信系统中，符号序列被调制到一个载波上进行串行传输，每个符号的频率可占据信道的全部可用带宽；OFDM 是把一组高速传输的串行数据流转化为低速并行的数据流，再将这些并行数据调制在相互正交的子载波上，实现并行数据传输，虽然每个子载波的传输速率并不高，但是所有子信道加在一起可获得很高的传输速率，其调制解调基本原理如图 3-4 所示。

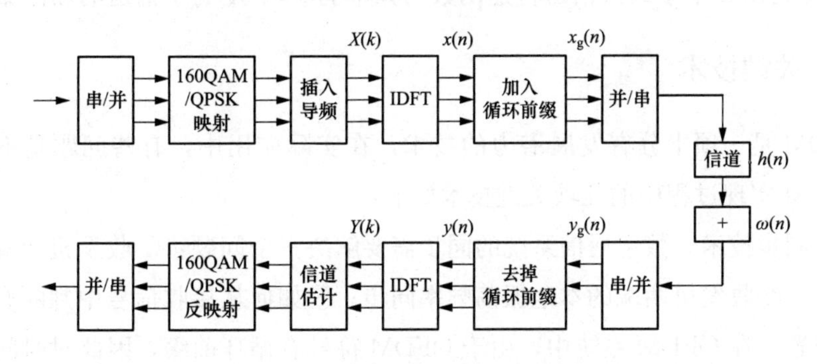

图 3-4　OFDM 调制解调基本原理

考虑时间有限的复指数信号 $\{e^{j2\pi f_k t}\}_{k=0}^{N-1}$，它们表示 OFDM 信号在 $f_k=k/T_{sym}$ 的不同子载波，其中 $0\leqslant t\leqslant T_{sym}$。如果这些信号的乘积在它们的公共周期内积分为零，那么它们被定义为正交的，即

$$\frac{1}{T_{sym}}\int_0^{T_{sym}} e^{j2\pi f_k t} e^{-j2\pi f_i t} dt = \frac{1}{T_{sym}}\int_0^{T_{sym}} e^{j2\pi \frac{k}{T_{sym}} t} e^{-j2\pi \frac{i}{T_{sym}} t} dt = \begin{cases} 1, \forall k = i \\ 0, 其他 \end{cases} \tag{3-1}$$

在时刻 $t=nT_s=nT_{sym}/N$，$n=0$，1，2，…，$N-1$ 进行离散采样，可在离散时域将式（3-1）表示为

$$\frac{1}{N}\sum_{n=0}^{N-1} e^{j2\pi \frac{k}{T_{sym}} nT_s} e^{-j2\pi \frac{i}{T_{sym}} nT_s} = \frac{1}{N}\sum_{n=0}^{N-1} e^{j2\pi \frac{k}{T_{sym}} \frac{nT_{sym}}{N}} e^{-j2\pi \frac{i}{T_{sym}} \frac{nT_{sym}}{N}} = \begin{cases} 1, \forall k = i \\ 0, 其他 \end{cases} \tag{3-2}$$

正交性是保证 OFDM 无子载波间干扰的必要条件。

OFDM 发射机将信息比特流映射成一个 PSK 或 QAM 符号序列，之后将符号

序列转换为 N 个并行符号流，每 N 个经过串/并转换的符号被不同的子载波调制。令 $X_l[k]$ 表示第 k 个子载波上的第 l 个发送符号，$l=0,1,2,\cdots,\infty$，$k=0,1,2,\cdots,N-1$。由于串/并转换，N 个符号的传输时间扩展为 NT_S，它是单个 OFDM 符号的持续时间 T_{sym}，即 $T_{sym}=NT_S$。在时刻 $t=lT_{sym}+nT_S$，$T_S=T_{sym}/N$，$f_k=k/T_{sym}$ 得到 OFDM 符号为

$$x_l[n]=\sum_{k=0}^{N-1}X_l[k]e^{j2\pi kn/N},n=0,1,2,\cdots,N-1 \tag{3-3}$$

可见，将基带信号分别调制到 N 个正交的子载波上就相当于对 $\{X_k\}$ 作 IDFT 运算，相应地解调就相当于对接收信号作 DFT 运算（可用 FFT 算法快速高效地实现）。经过 DFT 运算进行解调后的信号值为

$$Y_k=H_kX_k+N_k \tag{3-4}$$

式中：H_k 为第 k 个子载波信道传递函数的频率响应，N_k 为子信道的加性噪声。

3.2.2 关键技术

OFDM 是一项十分有发展潜力的技术，在实际应用中，有些问题是不可忽视的，OFDM 实现过程中的几项关键技术如下：

（1）同步技术。数字通信系统的同步需要解决三个问题：①收发机两端的载波频率同步；②收发机两端的本地振荡频率同步；③如何从接收信号中判断有用信号的起始位置。在 OFDM 系统中，由于 OFDM 符号有循环前缀，因此对时间偏差不敏感。电力线传输过程中产生的频率偏移会破坏子载波间的正交性，相位噪声会损害系统性能，详细分析见第 4 章。

（2）信道估计。由于传输信号的信道会对信号产生载波频率偏移、定时偏差以及信道频率选择性衰落等影响，信号会遭到破坏，为了准确恢复出原始发送信号，必须对信道进行估计。

（3）峰值平均功率比（PAPR）。OFDM 符号是由若干子载波信号叠加而成，容易引起较大的 PAPR，当 PAPR 较大时，OFDM 信号经过功率放大器，会有很大的频谱扩展和带内失真。一般对此情况的解决方法有以下几种：

1）信号失真技术。采用修剪技术、峰值窗口去除技术或峰值删除技术简单的线性去除峰值。

2）编码技术。采用专门的前向纠错码会有效降低 OFDM 符号的 PAPR。

3）扰码技术。通过对数据加扰，可对生成的 OFDM 符号相位进行重置，使生

成的 OFDM 符号的互相关性接近于 0，从而降低 PAPR。

（4）自适应比特和功率分配。由于信道特性随时改变，要求 OFDM 系统的比特和功率分配方法必须适应信道的变化。OFDM 将所用频带分割成多个子信道，若某个子信道的幅频衰减较大或噪声干扰较大，可在保证一定误码率的情况下，通过少分配比特或关闭子载波的方式提供抵抗窄带噪声的能力。在信号传输过程中，OFDM 符号的某些子信道的幅频衰减较快，有些子信道的变化较平坦，而且这些幅频衰减缓慢的子信道中分配的比特数都是相等的，可将这些幅频变化较小的子信道粗分割，使子信道数目减少，这样可减少带间能量泄漏，减少失真，降低用于调制的计算复杂度。在 OFDM 调制系统中，发射总功率给定时，信道所能达到的最大传输能量是衡量系统性能的重要参数，采用不同的子信道分割方法和比特分配方法会导致系统的性能不同。

3.2.3 应用于电力线通信的优缺点

采用 OFDM 系统实现低压电力线载波通信主要有以下优点：

（1）抗码间干扰能力强。低压电力线网络中，由于线路分支多，存在多径效应，当多个信号经过不同路径到达接收机时，会产生时间和相位的偏差从而造成码间干扰。由于 OFDM 采用了循环前缀，当循环前缀不小于最大时延扩展，多径信号不会延伸到下一个 OFDM 符号，可避免码间干扰。

（2）抗衰落能力强。由于低压输电线上阻抗变化幅度较大，信号传输时会出现严重的衰落，导致某些子载波可能会丢失数据。OFDM 可通过打开和关闭某些衰落严重的子载波来对抗信道衰落。除此之外，OFDM 可以与编码、交织技术相结合，通过编码和交织使本来相邻的码元在时域和频域上尽可能远地分开传送，从而减小局部频段衰落对数据传输的影响。

（3）抗突发性噪声。抑制电力线信道阻抗衰落和噪声干扰，是通过 OFDM 的子载波分配实现的。OFDM 可根据信道情况重新分配子信道，使数据只在能传输的频带内传输，从而保证较低的误码率。当电力线信道受到幅值很大的脉冲干扰，甚至淹没了带有信息的 OFDM 信号时，只需降低该信道的传输速率或关闭这些信道即可有效抑制这些噪声的干扰。

（4）频谱利用率和传输速率高。OFDM 系统的各个子载波之间存在正交性，允许子信道频谱重叠，可最大限度地利用频谱资源。OFDM 具有自适应调制机制，可使子载波根据信道情况自适应地选择调制方式，信道条件较好时，选用传输效率高的调制方式；信道环境恶劣时，选择抗干扰能力强的调制方式，同时 OFDM 可把数据只放在条件好的子信道上传输，有利于高速传输数据，实现宽带通信。

（5）均衡技术简单。均衡技术主要是为了补偿多径信道引起的码间干扰，OFDM 技术本身已经利用了多径信道的分集特性，使码间干扰问题得到了很好的抑制。因此在电力线信道中，仅采用简单的频域均衡即可实现高速率、高可靠性的数据传输。

当然，OFDM 技术也不可避免地存在以下缺点：

（1）对频偏很敏感。由于子信道频谱相互重叠，子载波之间必须严格正交，否则会导致子信道之间的干扰，使系统性能下降。

（2）峰值平均功率比较高。

（3）OFDM 的输出是多个子信道信号的叠加，当各个子载波信号的相位一致时，所得到的叠加信号瞬时功率就会远大于信号的平均功率，导致射频放大器的功率效率降低，还可能带来信号畸变，使频谱发生变化。

3.3 宽带双模通信系统产品介绍

珠海中慧微电子有限公司（以下简称珠海中慧）开发的基于电力线载波和微功率无线双模的用电信息采集系统设计方案，以电力线载波为骨干网络，在电力线衰减较大和干扰严重的线路，以微功率无线方式通信；微功率无线通信在遮挡比较严重无法通信的情况下，以电力线载波方式通信，二者相互支持，互为补充，使系统具有通信链路稳定、通信速率高、抗干扰能力强、应用范围广等特点，得到了国家电网、南方电网的青睐，将成为今后用电信息采集所采用通信技术的发展趋势。

3.3.1 集中器双模模块

（1）集中器双模本地通信模块（主模块）安装在集中器上；电能表的双模通信模块（从模块）安装在终端计量设备上。支持自动快速组网、自动中继、路由动态自适应、远程自动升级。

（2）产品外观如图 3-5 所示。

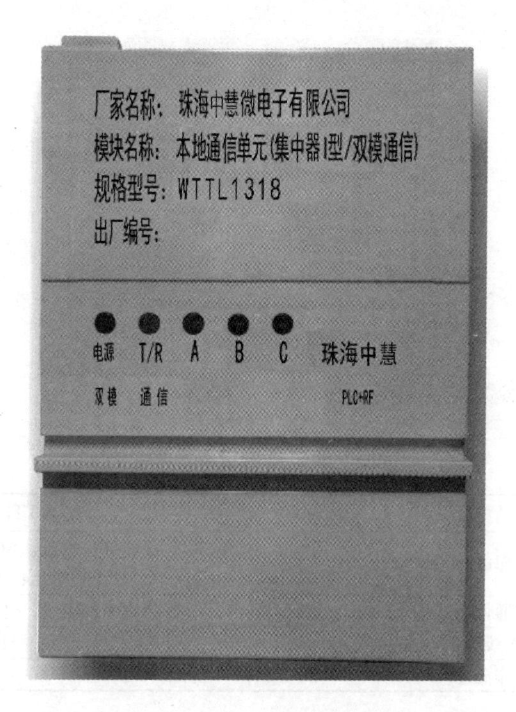

图 3-5 集中器双模模块外观

（3）主要技术参数见表 3-2。

表 3-2 集中器双模模块主要技术参数

产品型号	WTTL1318
工作电源	载波耦合电压：AC(1±20%)×220V 工作电压：+12V±1V
载波通信方式	电力线载波，OFDM 调制模式
微功率无线通信方式	470～510MHz
节点容量	1016 个
工作温度	−40～+70℃

3.3.2 单相电能表双模模块

（1）本产品安装在单相电能表上（从模块），与集中器双模模块（主模块）之间可直接通信，也可通过多级信号中继来实现通信。具有自动组网、自动中继、双模通信自动切换功能。支持主模块单独对从模块的单点升级和多个同时升级。

（2）产品外观如图 3-6 所示。

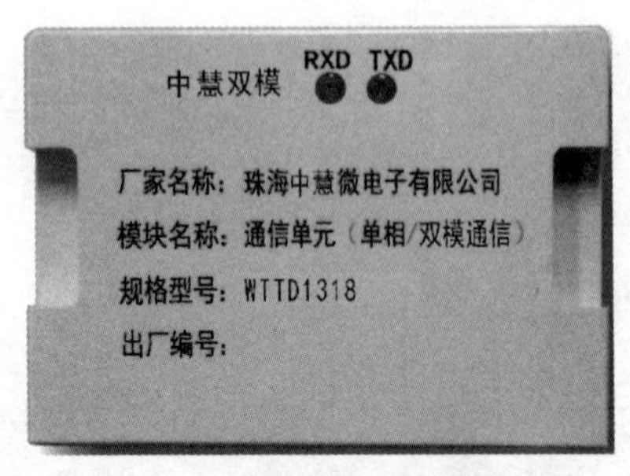

图 3-6 单相电能表双模模块外观

（3）主要技术参数见表 3-3。

表 3-3 单相电能表模块主要技术参数

产品型号	WTTD1318
工作电源	载波耦合电压：AC(1±20%)220V 工作电压：+12V±1V
载波通信方式	电力线载波，OFDM 调制模式
微功率无线通信方式	470～510MHz
工作温度	−40～+70℃

3.3.3 三相电能表双模模块

（1）该产品安装在三相电能表上（从模块），与集中器双模模块（主模块）之间可以直接通信，也可以通过多级信号中继来实现通信，具有自动组网、自动中继功能，支持主模块单独对从模块的单点升级和多个同时升级。

（2）产品外观如图 3-7 所示。

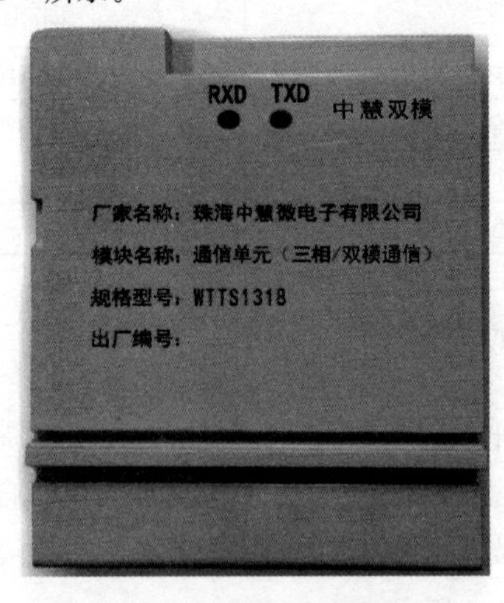

图 3-7 三相电能表双模模块外观

（3）主要技术参数见表3-4。

表3-4　　三相电能表模块主要技术参数

产品型号	WTTS1318
工作电源	载波耦合电压：AC(1±20%)220V 工作电压：+12V±1V
载波通信方式	电力线载波，OFDM调制模式
微功率无线通信方式	470～510MHz
工作温度	−40～+70℃

3.4　双模通信安全技术与模块

3.4.1　信息安全技术

（1）身份认证技术。在信息通信安全中，身份认证技术作为第一道防线，有着重要地位，可靠的身份认证技术可确保信息只被正确的“终端”所访问。身份认证技术提供了关于某个人或某个事物身份的保证，这意味着当某个终端声称具有一个特别的身份时，认证技术将提供某种方法来证实这一声明是正确的。身份认证可分为用户与系统间的认证和系统与系统之间的认证。身份认证必须做到准确无误地将对方辨认出来，同时还应提供双向的认证。常见的认证机制包括口令认证、挑战响应认证、EAP认证机制等。

1）口令认证。一般应用于有操作员参与的认证过程，是基于静态口令的认证方式，它是最简单、目前应用最普遍的一种身份认证方式。但它是一种单因素的认证，安全性仅依赖于口令，口令一旦泄漏，用户即可被冒充。

2）挑战响应认证。挑战/响应方式的身份认证机制就是每次认证时认证服务器端都给客户端发送一个不同的“挑战”码，客户端程序收到这个“挑战”码，根据客户端和服务器之间共享的密钥信息，以及服务器端发送的“挑战”码做出相应的“应答”。服务器根据应答的结果确定是否接受客户端的身份声明。

3）EAP认证机制。EAP（Extensible Authentication Protocol）扩展认证协议在RFC2248中定义，是一个广泛使用的认证机制，它常被用于无线网络或点到点的连接中。EAP不仅可以用于无线局域网，而且可以用于有线局域网，但它在无线局域网中使用的更频繁。EAP 实际是一个认证框架，不是一个特殊的认证机制。EAP 提供一些公共的功能，并且允许协商所希望的认证机制。这些机制被称为 EAP 方法。由于 EAP 方法除了 IETF 定义了一部分外，厂商也可以自定义方法，因此 EAP 具有很强的扩展性。IETF 的 RFC 中定义的方法包括 EAP-MD5、EAP-OTP、EAP-GTC、EAP-TLS、EAP-SIM 和 EAP-AKA 等，目前 EAP 在 802.1X 的网络中使用广泛。

（2）通道加密技术。通信通道经常处在无人监管的室外区域，无线信道更是处在广阔的开放空间，通道面临着被监听、篡改、伪造等安全威胁，因此在通信技术中应提供机密性和完整性保护机制。通道机密性和完整性采用密码学技术实现。

密码学是指研究编制密码和破译密码的技术科学，用于对重要的数据进行加解密和验证，早在公元前人类就广泛开始使用密码学技术，比如：斯巴达人的“塞塔式”密码系统、秦朝的“虎符”凭证系统等。密码存在的历史几乎与文字使用历史一样长，可大致分为三个阶段：古典密码学（第二次世界大战前）、70 近代密码学（第二次世界大战到 20 世纪 70 年代）、现代密码学（20 世纪 70 年代后）。

一般认为，在 1976 年 Diffie 和 Hellman 提出公私钥的密码思想，标志着现代密码学的诞生。现代密码学完全基于数学问题的困难度，如分解大整数，来保障密码安全性，为当今信息化社会提供了机密性、完整性、不可抵赖性、可鉴权、可认证等基础的安全服务，是社会生活中重要的一环。

随着全球范围内密码技术的发展和计算能力的提升，现有普遍采用的国际通用密码算法（DES、RSA、MD5、SHA1）已不满足当前和今后应用的安全需求，各国都在进行算法升级或迁移。信息安全是国家安全的关键环节，为确保密码算法的自主可控，降低敏感信息泄漏和信息系统遭受攻击的风险。国家密码管理局制定并发布了具有自主知识产权和高安全强度的国产密码算法及密码算法使用等相关标准，基本建成了国产密码应用基础设施并提供服务，国产密码产业链已经成熟，因此工业互联网认证网关将采用国家商用密码算法。

国密算法是我国自主研发创新的一套数据加密算法，包括 SM1、SM2、SM3、SM4、SM7、SM9、祖冲之密码算法（ZUC）等，其中涉及了对称加密算法、非对称加密算法、杂凑算法。

1）对称加密算法。分组密码算法是将明文数据按固定长度进行分组，然后在同一密钥控制下逐组进行加密，从而将各个明文分组变换成一个等长的密文分组密码。其中二进制明文分组的长度称为该分组密码的分组规模。SM1 算法的分组长度为 128 位，密钥长度都为 128 比特，算法安全保密强度及相关软硬件实现性能与 AES 相当，算法不公开，仅以 IP 核的形式存在于芯片中。SM4 算法与国际的 DES 算法都是为了加密保护静态储存和传输信道中的数据，从算法上看，国产 SM4 算法在计算过程中增加非线性变换，能大大提高其算法的安全性。

2）非对称加密算法。SM2 算法是一种基于 ECC 算法的非对称密钥算法，其加密强度为 256 位，其安全性基于离散对数问题 ECDLP 这一数学难题，安全性与目前使用的 RSA1024 相比具有明显的优势，并且 SM2 算法的密钥生成速度以及加解密速度比 RSA 快。

3）杂凑算法。SM3 密码摘要算法是国家密码管理局 2010 年公布的中国商用密码杂凑算法标准。SM3 算法适用于商用密码应用中的数字签名和验证，是在 SHA-256 基础上改进实现的一种算法。SM3 算法的压缩函数与 SHA-256 的压缩函数具有相似的结构，但是 SM3 算法的设计更加复杂，比如压缩函数的每一轮都使用两个消息字。现今为止，SM3 算法的安全性相对较高。

（3）安全芯片技术。安全芯片可理解为安全单元，其通过特有设计独立运行的安全元器以及 COS，实现密钥生成、数据安全存储、加解密运算等功能，独立为外部提供加密和安全认证服务。安全芯片技术在通信安全技术中被广泛应用，3GPP 无线广域网技术中将安全芯片技术应用于 USIM 进行双向身份认证。电网公司多种业务终端中将安全芯片用于应用层通信安全防护。相比于软件安全技术，安全芯片通过恶意攻击进行专业的防范性设计，并通过硬件层面运行密钥算法，将密钥等敏感信息保护在加密硬件的电气边界内，并有完善的反制措施。因此，对于芯片的攻击极其困难，安全防护等级高，缺点是成本较高且需要进行硬件升级。同时，安全芯片一般体积都比较小，有多种封装形式和产品形态，如安全单元、UICC、USB Key、PCI-E 板卡等多种形态，其安全等级与性能也不相同，适用于多样化的安全产品。

目前，在国内使用的安全一般需要通过 EAL 认证，支持国密算法 SM1、SM2、SM3、SM4 等，并具有加解密协处理器、真随机数发生器、安全检测模块、存储器数据加解密、抗 SPA/DPA 电路、电压检测器、频率检测器、温度检测器、低功耗模式管理以及物理安全保护等。安全芯片的安全性是贯穿整个产品设计、生产、维护和管理都应考虑的因素，而且是一个综合因素，是系统性的工程。针对上述种种可能的攻击行为，安全模块需要从以下几个方面采取相应的安全措施来确保产品的安全性：

1）算法的安全性设计。采用广泛接受，并具有自主知识产权的国密算法作为基础算法。

2）密钥管理体系设计。在COS中引入密钥管理体系，不同程度的密钥有不同程度的暴露许可，最大限度地保护用户、设备主密钥。系统中的所有设备均处于密钥管理体系的管控下，可有效防御“模拟安全模块”攻击、“错误控制信号”攻击，以及“滥用安全模块或工作站”等攻击行为。

3）模块的物理结构设计。模块物理结构的安全设计，具有高/低压检测、高/低频诊断、防物理解剖、FLASH内部自定时/产生高压等。除此之外还有防SPA、DPA分析等安全设计。可有效防御“SPA、DPA分析”攻击等从硬件角度（如功耗等）进行的攻击行为。

4）软件安全设计。软件安全性设计，需要支持白名单配置、身份认证等过程，对信息流进行控制和授权，可有效防御用户攻击、以及使用者舞弊行为等。

在集成安全芯片后，设备一般采用基于信任链可信计算的方式进行启动，安全芯片作为可信根据，需要通过相关部门认证和发行。启动时，安全芯片先加电，并对外部存储中的bootloader等进行校验，只有通过校验后，MCU才能加电并加载bootloader进行启动。启动每个环节均由可信根发起，整个操作系统启动可信、可溯源，最大程度保证系统的稳固性和安全性。

在设备使用过程中，MCU可直接调用安全芯片接口，实现数据的加密、解密、签名、验签等功能，并可存储部分高价值数据到安全芯片内部，以确保这些数据不被外部恶意攻击所篡改。

3.4.2 安全加密的具体实现方案

针对设备的安全加密方案应是软硬一体化的整体解决方案，针对设备面临的主要安全风险，从设备的架构设计和功能定位出发，保证设备未来现场运行和数据应用的安全性来设计安全防护方案。硬件防护包括防破坏设计、防非法更换、安全芯片抗攻击设计等，主要实现物理上的安全防护；软件防护主要针对软件系统，包括操作系统、应用、接口等，主要防护通过信息系统进行的恶意攻击。

在应用层级上的安全防护主要包括：

（1）操作系统安全防护方案。加强对操作系统源代码的安全管理，通过安全芯片实现操作系统的可信启动，避免操作系统被植入恶意代码。在进行升级过程中，也可通过安全芯片完成安装包的认证校验，只有合法用户发布的合法系统才能被安装。此外，操作系统也可将重要数据写入安全芯片，比如权限信息等，确保关键数据不被恶意篡改。

（2）应用程序安全防护方案。可在应用程序启动前，验证应用程序的权限，判断运行的相关资源访问需求，同时通过安全芯片对应用程序代码进行完整性校验，确保被启动的应用程序可信。在运行过程中，可引入MPU、内核应用分离技术等，确保单个应用都有自己的运行环境，避免恶意挤占系统资源、越权访问等风险。在安装、升级和卸载过程中，可通过安全芯片对程序的合法性和完整性进行校验，确保应用程序不被篡改。

（3）接口安全防护方案。在设备内部，可通过安全芯片对相关的接口进行授权，未经授权的接口处于关闭状态。通过应用程序接口权限进行控制，避免应用程序对接口非法操作；借助应用程序对通信数据进行协议分析，对非法报文进行协议过滤。针对协议自身，需要从认证、加密、校验等环节，确保数据完整，不被篡改。

以电力线宽带载波通信（HPLC）为例，其安全机制包括：针对数据加密保证数据机密性，通过完整性校验保证数据防篡改，通过序列号校验防止重放冲击，增强链路安全性，防止网络攻击。安全首部由安全控制字、帧计数、密钥标识组成；安全尾部作为报文的完整性校验字段，如图3-8所示。

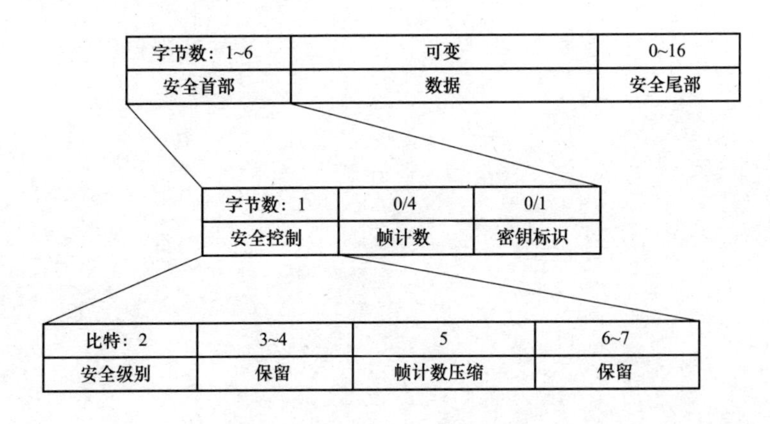

图3-8 链路层的安全报文格式

加密算法宜采用 128 位 AES-CTR 模式，完整性校验算法宜采用 128 位 AES-CBC-MAC 模式，根据安全要求不同，预留的校验长度不同，默认为 4 个字节。

对于 HPLC 接入认证，一般通过应用层控制，调用安全芯片完成数字身份的验证，交互协议一般为 DTLS。证书一般采用 ECC 算法，以支持 ECDHE 密钥交换协议，对应 ECDSA 签名算法 ECDSA。

第4章

双模通信的路由技术

4.1 两种通信网络介绍

4.1.1 电力线载波通信网络

PLC网络传输信息时，数据信号需要通过各种类型的配电网，这些配电网自身结构和其中的负载种类各异，性能差别大，造成信号衰减。研究表明，频率越高时电力线信道的信号衰减就越大。电力线信道信号衰减较大，会导致信号的强度在传输途中大幅度降低，使得信号有可能因为完全衰减而不能到达网络通信的终端，这会大大缩小PLC通信的通信距离。

根据网络所在位置、网络的设计用途、用户的数量等不同因素，电力线载波通信网络有不同的拓扑结构。国内对电力线进行组网一般使用图4-1的线形、树形和星形三种网络结构，这三种结构有各自的优缺点，根据应用的场景要求，选择适合该场景的网络结构进行组网，才能节约成本，达到最优的组网方式。三种常见的电力线网络结构特点分别为：

(1) 线形结构。终端和集中器之间就会通过一级接一级的中级转发来进行通信，形成线形结构。在这种结构中，通信花费时间最长，网络开销较大。

(2) 树形结构。这种结构的通信距离较小，集中器通过和较少数量的节点直接通信，达到间接和所有节点通信的目的，这种结构成本较低，易于扩展，可延伸出很多其他分支，新节点能较为容易地加入网络中，但是中继节点若受损，对网络整体影响巨大。

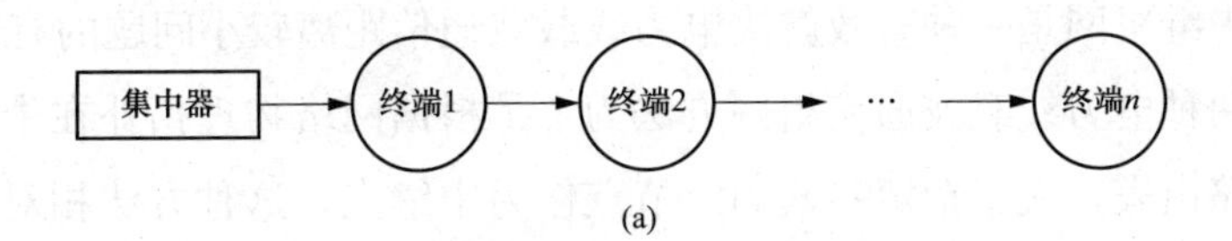

图4-1 常见的三种电力线网络结构（一）

(a) 线形结构

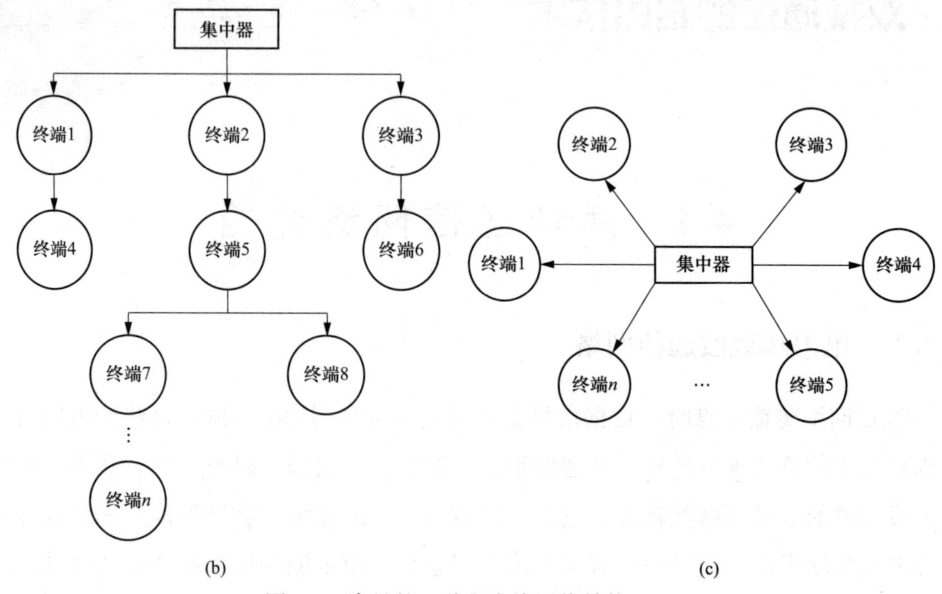

图 4-1　常见的三种电力线网络结构（二）

(b) 树形结构；(c) 星形结构

（3）星形结构。这种结构中集中器处于中心位置，其他终端节点与集中器相连接构成网络，集中器对所有终端节点进行集中控制，所有的通信终端都能和集中器进行直接通信，一般不需要中继节点。这种结构消耗时间最少，网络开销最小。

电力线载波通信独特的信道特性造成网络的通信环境恶劣、处理数据能力较弱、网络拓扑的不确定性、功率太小等特点，极大缩小了通信距离。基于这些特性，电力线载波通信网络的组网必须满足具备自组织能力和自适应能力才能满足实际应用需求。通过两个途径可让集中器与距离较大的终端节点连接并稳定传输数据。第一个途径是通过提高通信终端信号的发射功率，延长信号在电网中的传输距离，但是高频信号会给电网带来高频谐波干扰；第二个途径通过部分节点作为中继节点的方式达到传输信息的目的，使得集中器通过中继节点可与终端节点进行通信，这种方法可显著地增加通信距离。由于提高信号发射功率会带来一些频率干扰问题，因此中继组网是一种有效解决电力线载波通信距离较小问题的有效手段。

目前有两种电力线载波通信组网方法为：①根据网络物理拓扑在中心节点维护一个固定的路由表，人工指定一些固定节点作为中继点，这种方法相对简单，但是无法满足电力线信道的各种不确定性变化；②通过网络的自动优化和重构，不断适应网络结构动态变化的自动组网方式，这种方式能动态适应电力线信道的动态变化特征，根据电力线的实时信道情况可进行动态调整，稳定性好。所以自动组网方式是电力线载波通信的主要组网方式。

随着电网不断扩大和发展，电力线载波通信网络的拓扑结构随时会发生变化，这对其技术进一步发展造成巨大影响，因此必须提出相关动态路由算法以适应网络拓扑的变化，让网络具备自动组网功能。动态路由算法中不会固定部分节点永远作为中继节点，算法会根据网络状态，动态地选择某些节点作为中继节点，这样网络的逻辑拓扑结构也会相应发生改变，适应网络状态的变化。这种算法非常适合电力线载波通信，因为电力线信道变化不确定，无法提前估计，而动态路由算法可根据网络变化动态地调整网络结构以达到最优的网络性能。

4.1.2 微功率无线通信网络

微功率无线通信在组网方面，其网络范围较小，最主要原因是国家对于微功率网络中节点的发送功率有严苛的要求，不能超过一定范围，这就导致了网络覆盖范围不够大，但是由于所有节点均是静止的，网络拓扑又显得比较稳定。微功率无线网络中的节点主要分为两类：①一般位于网络中心的集中器节点，简称主节点；②固定安装于每家每户的电能表采集终端，在这里称为子节点。网络中不仅有主节点和子节点进行数据传输，子节点之间也可互为中继转发信息。

微功率无线网络中其实有好几种网络形态和组网模式。最传统的是集中式组网，这一类组网模式的所有节点都集中部署在一定范围内，便于统一管理。与集中式组网架构相对的就是分布式组网架构，这种结构类似移动自组织网络的结构，非常适合网络的分布式控制。基于以上两种组网架构融合的称为混合式组网结构，这一类架构在大规模组网中经常会被使用到。上面的分类是按照组网的形态来分的，如果按照网络实际的拓扑结构来考虑，就会有星形拓扑、网状拓扑以及分层混合拓扑等几种拓扑结构，如图 4-2 所示。决定一个网络是什么结构的并不是终端子节点，而是位于网络中心的主节点。对组网结构研究的最大意义在于：如果能找到高效合适的网络拓扑结构以及组网模式，那么以此构建出的微功率无线网络将具备非常高的性能（低时延，低功耗和高稳定性）。下面来详细说明几种最常见的网络拓扑结构。

（1）星形拓扑。该拓扑网络的通信方式为单跳，任意子节点均可和主节点进行直接的不需要中继的数据传输，而且这个过程是双向的。也正由于此，所有子节点之间不需要相互通信。在实际应用中可使用专业的管控设备甚至是一台计算机，根据实际网络的需求来决定使用特定种类的终端节点。

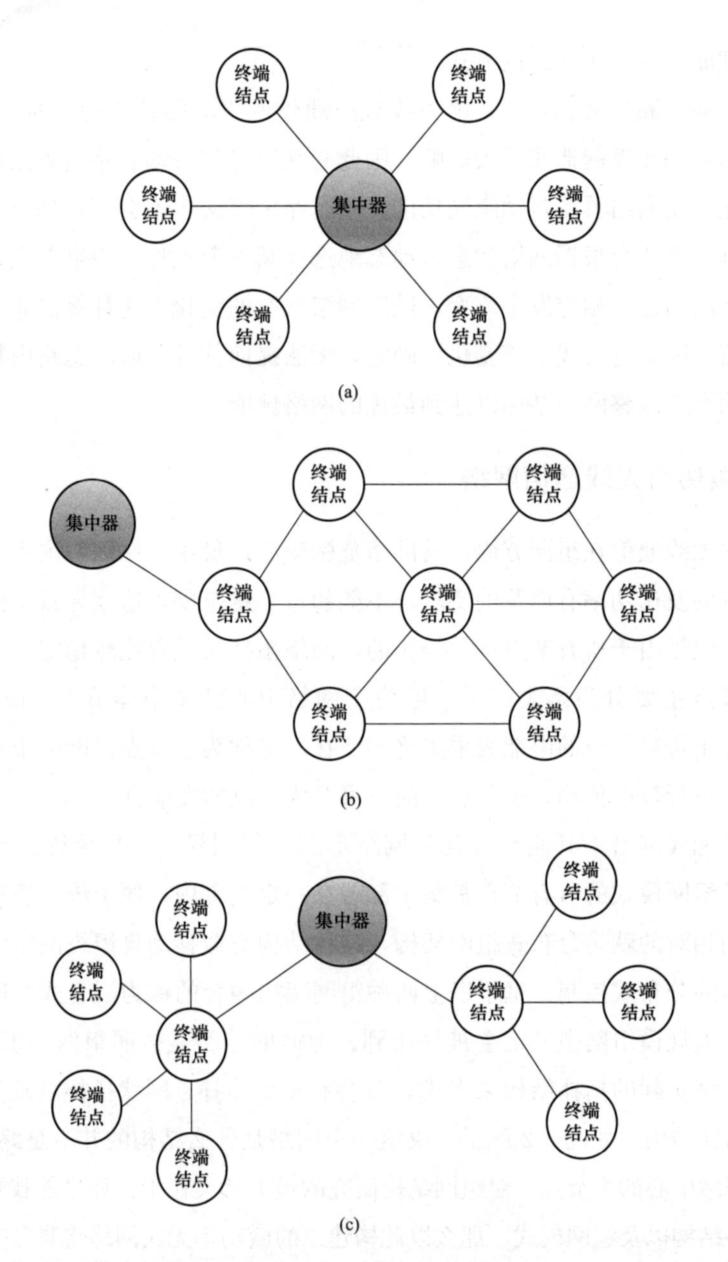

图 4-2　常见的三种微功率无线网络

(a) 星形拓扑；(b) 网状拓扑；(c) 混合拓扑

(2) 网状拓扑。与星形拓扑不同的是：在网状的结构当中，节点间的通信采用多点多跳的形式，而且所有的子节点之间也可进行数据的传输，在合适的路由算法的帮助下，网络可计算出好几条从源节点到目的节点的传输路径。这种网络最大的好处就是两个节点之间的备选路径较多，网络的抗毁性能比较不错。同时网络降低了功率消耗的密度，在采用了多跳传输之后，相当于把总的功耗开销分摊到了好几个中继节点上了，这样降低了所有节点能量消耗的负荷，有助于延长节点的使用寿命，提升网络的稳定性。在另一方面，网状拓扑结构一般对应较大的网络规模，而且所有节点部署较分散，这就导致网络中的多跳路径查找和路径表更新迭代的成本较大，这也一定程度上也会缩短节点的寿命。

（3）混合拓扑。这是由星形拓扑和网状拓扑融合而成的混合拓扑结构。毫无疑问，混合拓扑结构必定是以发挥各种拓扑结构的优点为目的，来建立一个更高效的拓扑结构。星形网络的最大优点就是组网简单，容易控制所有节点。而网状拓扑的优势则在于其多跳传输的特性，这会使整个组网以及数据的传输充满效率。而往往混合拓扑网络也是一种分层的架构，类似于通信网的结构。在长距离范围内有核心骨干网，而在每个小范围内又是另一种拓扑的本地网。

总的来说，在微功率无线网络中，当实际运用背景不同时，那么组网模式的选取也会稍有出入，甚至大相径庭。当所有电能表终端和主节点距离不是很远时，星形拓扑就能发挥它简单易控制的优势。更由于其网络规模不大，链路距离较小导致功耗不大，容易使网络变得高效。网状拓扑节点比较适合节点分布稀疏、网络区域不太大的情况，这样容易体现出其多跳路由的优势，而且网络容易从故障中快速恢复，而混合组网适合更大规模的组网情况，可支持的子节点数量也较大。在组成分层混合网络的时候，容易整合全网的节点信息，保持数据的精确性和稳定性。在智能电网中，分层结构必将得到更多的应用。

4.2　分簇路由算法

4.2.1　传感器网络

（1）传感器网络理论基础。传感器网络由大量微型低功耗、计算功能较弱的节点组成，对区域中的对象进行检测，这些节点之间有一定合作能力，将所收集的数据以单跳（直接传输）或多跳（通过若干中继节点转发）的方式转发到汇聚节点(sink)，汇聚节点是将传感器网络与现有的远程通信基础设施之间相连的装置，它通过网络将传感器网络收集的数据传输给用户。

传感器网络中会根据节点的不同类型和规定的网络协议，使用传送数据信息的不同通信方式。传感器网络依据工作场景的不同可分为两种类型：①主动类型：这种网络会实时监测区域内对象，周期性向汇聚节点传输信息；②被动响应类型：这种网络只有当某个条件被触发才会向汇聚节点传输信息。传感器网络的总体结构如图 4-3 所示。

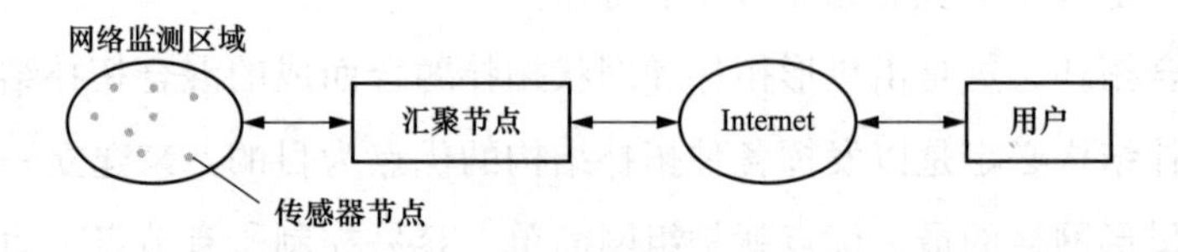

图 4-3　传感器网络的总体结构

传感器网络中分布着大量的节点，它们功耗小、计算能力弱、体积小，既有采集并发送数据的功能，也有中继转发的能力，某些节点还可对其他节点的采集信息做处理。节点的工作也不完全独立，需要一起合作完成某些工作。传感器节点的构成如图 4-4 所示，传感器网络的节点一般由通信、处理、传感和能量四个模块组成。

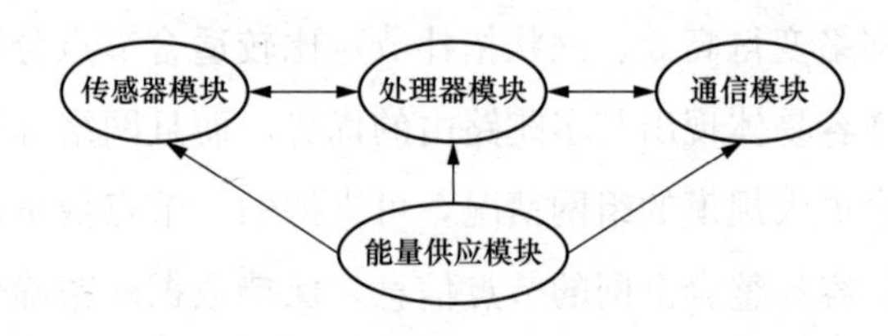

图 4-4　传感器节点的构成

（2）传感器网络路由算法特点。传感器网络节点的能量一般来自电池，所以它们的能量是有限的，同时它们大多被安置在人们不易到达的环境中，补充能量也非常困难。因此一旦能量耗尽，节点就会停止运行，这样会带来很多问题，比如需要重新创建网络路由、网络的拓扑结构发生改变、通信被中断。传感器网络设计方面的重心就成了在不削弱网络节点所完成功能的条件下，尽量节省节点的能量消耗。

为了达到节能的目标，一般有两种方式：①传感器节点要尽量简化设计，去掉对主要任务没有实质性作用的冗余功能，仅保留最核心需求，以此减少不必要的能量消耗，提高能量利用率；②研究出一种能量有效性的路由算法，在硬件资源不变的条件下，可以动态调整网络结构，合理分配能量，延长网络生命周期。

大多数传统网络不用担心能量问题，只用研究如何合理利用网络带宽和提高服务质量即可。而传感器网络的能量有限，其算法的主要目标是有效提高网络的能量利用率，延长网络生命周期。由于节点的能量有限，所以传感器网络中的路由算法大多较为简单，容易实现且只在节点存储少量的信息；同时节点的数量太多，导致传感器网络不能使用一般的基于 IP 路由算法。Ad Hoc 网络中的多种路由算法，如 AODV 也不能完全适用于传感器网络，加之节点能量耗尽后死亡，会造成网络结构发生不确定性的变化，其特性与传统网络有很大区别，必须根据传感器网络的自身特征来设计可靠、高效的专用路由算法。

作为专用场景的传感器网络，其路由算法有两个主要特点：①以数据为核心：传感器网络的主要用途就是采集数据并传输给用户，网络中的所有优化工作都是为了让有效数据最终顺利到达需要的用户手中；②能量优先：对于传统网络来说不用担心节点因为耗尽资源而死亡的情况，所以它们的算法不会考虑这方面问题，但是传感器网络由于所处环境资源限制，算法必须首要考虑减少能量消耗，使网络的工作时间更长久，这样才能为用户传送更多的有用信息，如果这个问题不能解决，那么其他方面做的优化工作都是无意义的。

（3）传感器网络的异构特性。传感器网络最主要的异构特性就表现在能量方面。不同类型节点的生产厂家和产品批次一般不同，因此在网络初始化时配置的能量一般是不同的。即使属于同种类型的产品，一开始配置相同的能量，但是网络监测范围较大，节点随机地处于网络中不同的位置，完成的任务也所差异，造成不同节点的能耗速度不一致，形成能量异构。若节点满足可重新配置能量的条件，一般有两种途径来补充，使得传感器网络可工作更长的时间：①网络中传感器死亡节点增加到一定数量后，立即加入新节点；②通过接入固定电源、采用再生能源等技术给一些能耗较大的节点不断补充能量。但是如果网络环境不易到达，节点配置较为困难，此时就必须采用特殊的路由算法来降低网络的能耗。

通信功能的异构也是传感器网络的一大特点。由于不同类型节点采集不同类型数据信息，不同类型节点所需的数据传送能力是不同的。这些节点采用了不同网络技术，形成多条不同的链路，各种信道也相互交织。不同信道传输的数据和使用的协议也有所差异，节点的数据传输速度和有效通信距离也千差万别。不同通信能力的节点之间如何无缝连接起来也是传感器网络需要解决的重要问题。

在传感器网络节点的四个模块中，处理器单元在节点的工作中起着非常重要的作用，节点的数据处理能力会根据应用场景的不同有着不同要求。一般异构网络中不同类型节点的处理能力也会有所差异，根据工作的难易程度，让处理能力较强的节点完成更复杂的工作，可以有效提高网络的整体效率，例如在分簇路由算法中，可以让处理能力比较强的节点作为簇首，可更快地融合并处理其他成员节点采集的数据，提高网络效率。

4.2.2 分簇路由算法

(1) 基本原理。传感器网络多使用在特定的场景，它和传统网络最大的差异就是节点能量方面的不同，因此它一般不可使用传统网络中的算法，必须设计符合其特点的专有路由算法。传感器网络研究中的一大难题就是如何设计更有效的路由算法，进而得到更长的稳定生命周期。目前传感器网络中的路由算法可根据结构分为两种，分别是平面路由算法以及分簇路由算法。

平面路由算法的网络节点作为一个独立个体进行数据信息的采集和转发，每个节点的工作任务是相同的。平面路由算法设计较简单，但是缺点多。比如典型的SPIN 算法会产生查询延迟的问题，定向扩散算法就只适用于对象固定、数目小的场景中，否则会占用较多资源。传感器网络中的平面路由算法在能量利用方面的效率比较低，因此平面路由算法不适合大量传感器节点的大型传感器网络。

分簇路由算法是能量利用率方面最有效一种解决方案，它主要将传感器网络中距离间隔较小的一些节点组成一簇，选取其中一个成为簇首，其他则为成员节点。簇首负责收集所属簇中成员节点发送过来的数据，然后进行处理，接着它将这些处理后的信息转发给汇聚节点。由于节点主要是通信与处理两个单元消耗了大部分能量，因此分簇路由算法可减少大部分成员节点的通信单元能量消耗，同时大大降低冗余数据的传输，对网络性能提升有重要帮助。成员节点的任务只有采集自己区域内的信息并交给簇首。簇首节点是负责融合处理数据，然后传输给汇聚节点(sink)。簇首所做工作较多，能量消耗也相应变大。汇聚节点最终把数据信息传给用户，完成整个网络任务流程。该算法结构如图 4-5 所示。

分簇路由算法属于跨层设计算法。簇首收到成员节点的采集信息，经过处理去除了无用信息，然后再将整合处理后的信息传输给上层的汇聚节点。在这过程中簇首对成员节点提交的数据进行了冗余处理，减少了无用信息的传输，节约了不必要的能量损失。

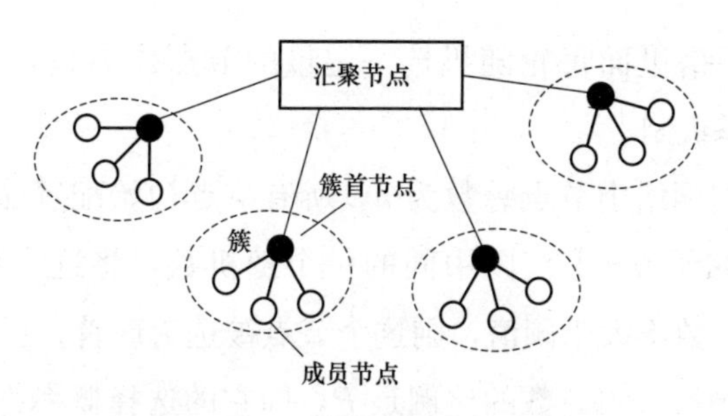

图 4-5 分簇路由算法结构图

分簇路由算法会带来哪些多余的消耗、簇首选举机制以及簇首如何在网络中分布这些问题是当前分簇路由算法的研究热点，在研究和设计分簇路由算法时，要注意以下原则：①簇首节点因为有接收和融合数据的任务，导致能量消耗较多，因此不能固定让某些节点作为簇首节点，必须动态选举簇首节点；②必须分布式地产生簇；③应在网络中均匀地选取簇首，这样才能平衡整个网络的能量消耗。

根据以上几点因素，可设计不同的簇首选举机制，产生多种类型的分簇路由算法。簇内数据传输可用单跳（直接传输）或多跳（通过若干中继节点转发）的方式，簇首选择可通过多轮循环来实现。不同种类的算法都有各自的优势和弊端，能量利用率越高的算法一般越繁杂，同时也会带来更大的消耗，所以要根据传感器网络所应用的具体场景设计特定的算法。

（2）两种重要的分簇路由算法。LEACH（Low Energy Adaptive Clustering Hierarchy）算法是最早的传感器网络分簇路由算法，由麻省理工学院（MIT）的 Heinzelman 等人提出。LEACH 大多用在同构形式中，在该领域有很高地位，后面算法都学习了 LEACH 的主要思路，比如 TEEN、APTEEN、SEP 等都是基于 LEACH 修改形成。

LEACH 的重点是“分治”，在多轮循环中随机选举簇首，能量消耗均衡分配，提高网络稳定性。LEACH 将网络分成很多大小适当的区域，称为一个簇，包含适量的节点。以簇作为信息采集和融合处理的单位，簇首接受成员节点的采集信息。网络设定“轮”为一个周期，每轮里面随机选举一些点作为簇首。被选过的节点后面不会再被选择，一直到所有节点都做过一次簇首。簇首再将处理的信息传输到汇聚节点，通过分层的形式能降低成员节点能耗，将网络能耗集中到少数簇首上。网络中每个节点都会在一定周期内被选为簇首，因此能均衡网络能量消耗，提高网络稳定性。

簇首的选择对于 LEACH 来说是最重要的，因为选的是否合适对网络影响很大。LEACH 会在网络里面每轮随机选一定量的节点作为簇首，这里详细介绍下 LEACH 的簇首选举机制。

假设同构传感器网络中节点总数为 n，所有节点初始配置能量一样，都为 E_o。每轮中每个节点被赋予 0～1 范围中间的一个随机数，将这个数与固定阈值进行 $T_i(r)$ 对比。若随机数不大于阈值，则这个节点被选为簇首；反之随机数大，则作为成员节点。每轮中簇首占总数的比例是 P，即它的选择概率为 P。所有节点当过一次簇首的过程是一个周期，为 $1/P$。$T_i(r)$ 的计算公式为

$$T_i(r)=\begin{cases}\dfrac{P}{1-P\left(r\bmod\dfrac{1}{P}\right)},i\in G\\ 0,\text{其他}\end{cases}\tag{4-1}$$

式中：r 为当前轮数；G 为前面没当过簇首的节点组成的集合。

每轮选举完后，簇首会给其他成员节点广播有自己的信息消息。成员节点根据收到的信息，找到距离它最近的簇首并加入该簇。簇首通过时分多址方式给成员节点分派传输通道。成员节点将自己的采集数据传输给簇首，经过簇首对所有的信息处理后，然后将有用信息传输给汇聚节点。经过固定时间的信息传送后，传感器网络进入下一轮，重新开始选举簇首，网络一直这样迭代循环下去，直到所有节点能量耗尽。

LEACH 算法可确保在每个 $1/P$ 周期内，网络节点都有一次作为过簇首节点，这样的方法可均衡网络能量消耗，提升稳定性。但是 LEACH 算法也有不足之处，该算法所有节点都是同构的，若网络中节点能量异构，有能量较高的高级节点和能量较低的普通节点存在，算法就不适用。它会给所有节点分配同样的选举概率，导致能量较低的普通节点早早耗尽能量而死亡，造成网络局部瘫痪，影响网络的稳定性。因此在 LEACH 的基础上，学者们设计出一种专门解决此问题的 SEP 算法。

SEP（Stable Election Protocol）算法适用于两级异构传感器网络，是波士顿大学的 G. Smaragdakis 等人提出的，它是一种在 LEACH 的原有模型上设计出的二级能量异构算法。SEP 将网络节点按照初始能量高低分为两种，较高的称为高级节点，较低的称为普通节点。它为这两种节点分配不同的选举概率。高级节点被选为簇首的概率较大，普通节点就会较少当作簇首，降低了普通节点的能耗。因此延迟了出现第一个死亡节点的时间，提高了网络稳定生命周期。稳定生命周期为网络从最初运行到出现第一个节点死亡的时间段。

SEP的簇首选举机制中，假设异构传网络里共有 n 个节点，高级节点比例为 m。普通节点的起始能量设置为 E_0，高级节点起始能量比普通节点多出比例为 α，因此高级节点的起始能量为（$1+\alpha)E_0$，p 为最优的簇首选举比例。网络的初始总能量为 $n(1-m)E_0+nm(1+\alpha)E_0=nE_0(1+m\alpha)$，SEP给两种节点分配不同的选举概率，如何分配与两种节点的能量相关。普通与高级节点的簇首选举概率分别为 p_{n} 和 p_{α}

$$p_{\mathrm{n}}=\frac{p}{1+\alpha m} \tag{4-2}$$

$$p_{\alpha}=\frac{p}{1+\alpha m}(1+\alpha) \tag{4-3}$$

两种不同选择概率使得该类节点至少被选过一次的选举周期不同，分别为 $1/p_{\mathrm{n}}$ 和 $1/p_{\alpha}$。因为 $1/p_{\mathrm{n}}=(1+\alpha)/p_{\alpha}$，所以普通节点的簇首选举周期变为高级节点的（$1+\alpha$）倍。SEP的簇首选举门限的计算方法和LEACH相同，由于两种节点有了不同的选举概率，则其对应的选举门限也不同。普通节点选举门限变为

$$T_{i_{\mathrm{n}}}(r)=\begin{cases}\dfrac{P_{\mathrm{n}}}{1-P_{\mathrm{n}}\left(r\bmod \dfrac{1}{P_{\mathrm{n}}}\right)}, i\in G' \\ 0,\text{其他}\end{cases} \tag{4-4}$$

式中：G' 为前面未当过簇首的普通节点集合。高级节点簇首选举门限变为

$$T_{i_{\alpha}}(r)=\begin{cases}\dfrac{P_{\alpha}}{1-P_{\alpha}\left(r\bmod \dfrac{1}{P_{\alpha}}\right)}, i\in G'' \\ 0,\text{其他}\end{cases} \tag{4-5}$$

式中：G'' 指前面未当过簇首的高级节点集合。

从上面公式可知每轮中平均有 $n(1-m)p_{\mathrm{n}}$ 个普通节点选作簇首，其选举周期为 $(1+m\alpha)/p$ 轮。每轮中平均有 nmp_{α} 个高级节点作为簇首，其选举周期为（$1+\alpha$）· $(1+m\alpha)/p$ 轮。因此SEP中每轮平均簇首数为

$$n(1-m)p_{\mathrm{n}}+nmp_{\alpha}=np \tag{4-6}$$

这个数与每轮簇首的期望数量相同。SEP为两种能量不同的节点分别赋予各自的选举概率，使得高级节点有较高机会当作簇首节点。这样加速高级节点的消耗，平衡了整个网络的能耗，延长了网络稳定生命周期。

4.2.3 改进的分簇路由算法

（1）SEP算法的性能优势。与LEACH算法相比，SEP算法能有效地将高级节点与普通节点依据能量大小各自赋予差异性的簇首选举加权概率，高级节点能量高，能成为簇首的机会也相应要高。在SEP中，高级节点消耗能量的速率快，普通节点消耗的相应慢，因此能平衡整个网络中的能量消耗。

（2）SEP算法的不足。经过大量的研究和仿真分析，得出在SEP中普通节点更快地死亡，网络的稳定周期就是取决于这个时刻。普通节点的死亡速率比较快，高级节点的死亡速率比较慢，高级节点全部死亡的时刻要比普通节点的延迟很久。SEP中高级节点开始死亡的时刻要远迟于普通节点，SEP并不能确保它们同时开始死亡，只要有任意类型开始节点死亡，网络稳定生命周期就受到限制。

（3）CSEP改进算法。针对SEP在能量有效性方面的不足，对其进行优化，提出更加高效的SEP改进算法CSEP，在CSEP算法中采取改进的簇首选举机制，能做到在提高高级节点的选中概率同时降低普通节点的选中概率，进而能做到均衡网络能量，并且顺利推后第一个死亡节点出现的时刻，达到增长网络稳定生命周期的目的。

1）改进的簇首选举机制。SEP协议采用的簇首选举机制主要参考的是节点最开始时的能量大小，开始能量高的节点被赋予更大的概率被选为簇首。在异构网络中，一般普通节点能量有限，这些普通节点经过多次被选为簇首，其能量本来较低，作为簇首传输数据工作状态消耗能量过多，会造成该节点提前死亡，形成局部瘫痪，影响网络整体性能。虽然SEP的不同节点被赋予不同加权簇首选举概率，但是SEP中普通节点能量消耗速率仍然较快，导致它与高级节点开始死亡的时刻差相距较大，在这样的情况下，仍旧不能达到令人满意的网络能量利用率，并且其稳定性也受到影响。

基于这些问题，我们希望能提高高级节点耗费能量的速率，同时减缓普通节点的耗费速率，这样就会更加均衡网络能量，希望借由此方式来有效推后出现死亡节点的时刻，增强网络稳定性。为了达到上述目的，通过分析两种节点各自的总能量因素，能提出一种新的簇首选举机制。

对于异构网络，CSEP实现的重点为：采用和SEP算法类似的簇首选举加权概率和相同的门限计算方法，开始时普通节点的概率为p_1，高级节点的概率为p_2。

在后面每轮开始簇首选举之前，首先判断当前两种剩余存活节点各自的总能量，如果高级节点的总能量小于普通节点的总能量，则它们此轮选中簇首的概率保持不变，普通节点仍为 p_1，高级节点仍为 p_2；如果相反，则引入一个大于 1 的加权因子 c 对高级节点的概率进行加权，令其变为 $c\,p_2$，而普通节点则维持 p_1 不变。此机制可使高级节点有更大概率成为簇首，加快高级节点的能量消耗速率，普通节点能量消耗速率得到相应地降低，最终达到均衡网络能量消耗，提高能量利用率的目的。在接下来的仿真分析过程中，会进一步探讨加权系数 c 的取值大小对网络产生的影响。

2）算法具体描述。在二级能量异构传感器网络中，做出如下定义：n 代表全部节点的总数，m 代表高级节点所占比例，E_0 表示的是普通节点开始时的能量，α 代表高级节点多于普通的比例，则高级节点开始时的能量用 $(1+\alpha)E_0$ 表示，p 代表最优的簇首选举概率，E_{1i} 和 E_{2i} 为分别代表第 i 个普通节点和第 i 个高级节点各自的剩余能量。

在 CSEP 算法中每轮簇首选举之前先要计算两种节点各自的存活节点总能量。其中普通节点的总能量被表示成

$$E_1 = \sum_{i=1}^{n(1-m)} E_{1i} \tag{4-7}$$

高级节点的总能量为

$$E_2 = \sum_{i=1}^{n \cdot m} E_{2i} \tag{4-8}$$

普通节点的簇首选举概率为

$$p_1 = \frac{p}{1+\alpha m} \tag{4-9}$$

高级节点的簇首选举概率为

$$p_2 = \begin{cases} \dfrac{p}{1+\alpha m}(1+\alpha), E_2 \leqslant E_1 \\ \dfrac{p}{1+\alpha m}(1+\alpha)c, E_2 > E_1 \end{cases} \tag{4-10}$$

式中：c 为引入的加权系数且 $c>1$。

普通节点的簇首选举周期为 $1/p_1$，高级节点的则为 $1/p_2$，可看出是用选举概率的倒数来表示的，因此两种节点的选举周期不一样。对于簇首选举门限的计算仍然采用和 SEP 一样的方法，普通节点的簇首选举门限为

$$T_{i_{\text{nrm}}}(r)=\begin{cases}\dfrac{p_1}{1-p_1\left(r\bmod\dfrac{1}{p_1}\right)}, i_{\text{nrm}}\in G' \\ 0,\text{其他}\end{cases} \tag{4-11}$$

高级节点的簇首选举门限为

$$T_{i_{\text{adv}}}(r)=\begin{cases}\dfrac{p_2}{1-p_2\left(r\bmod\dfrac{1}{p_2}\right)}, i_{\text{adv}}\in G'' \\ 0,\text{其他}\end{cases} \tag{4-12}$$

式中：G'以及G''分别表示前面没有被选中作簇首的普通节点和高级节点的集合。

4.3 遗传算法

4.3.1 遗传算法概述

20世纪70年代，美国密西西根大学教授J. Holland借鉴物种进化适者生存，优胜劣汰的生存机制而衍生来具有随机搜索特征的方法——遗传算法（Genetic Algorithm，GA）。

遗传算法是一种具有较强融合性的智能优化算法，以其在搜寻过程中同时对全局进行搜索，编码操作简单，无限制条件等特点被成功地应用在人工智能、图像处理、模式识别等领域。

遗传算法受到生物在自然界中生存进化规律的影响，在形成新的后代时，通过有机竞争关系，完成物种的生存和淘汰，最后产生能够适应环境的物种。遗传算法主要包括适应度评价、复制、交叉和变异四个环节，表4-1对遗传算法中四个关键环节做出了简单描述。

表4-1　遗传算法各环节特征

遗传算法环节	简要叙述
适应度评价	作为遗传算法最主要的环节，是通过求解每个个体的适应度函数值完成对最优解的搜寻
复制	可提升种群中个体的适应性，因为被选择进行复制的父代概率表示适应度评价环节中对评价函数值的大小
交叉	可扩大种群中个体的多样性，父代在某一点交换彼此的信息而出现新的子代个体
变异	扩大种群个体的范围，父代在改变某一点信息而出现新的子代个体，同时也可避免子代个体信息单一过早的成熟

遗传算法大致上由6个基本的操作步骤完成一次的优化过程，首先产生初始种群，然后经过对每次对最优解的适应度评估，最后通过交叉、变异算子扩大种群的范围，具体如图4-6所示。

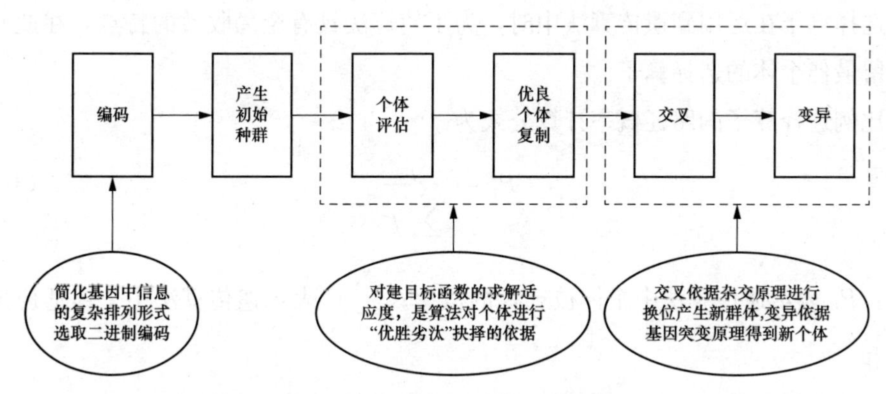

图4-6 遗传算法的基本步骤图

综上所述，遗传算法在优化过程中，对整个解范围具有较高的搜寻能力，可以运用在求解大规模复杂非线性优化的问题。

4.3.2 遗传算法优化设计

（1）遗传算法的编码。在运行到遗传算法后，要针对蚁群算法搜寻路径做产生的解进行适合遗传算法的编码。结合电力线载波通信数据传输系统网络的特点，仿照典型遗传算法的编码规则，得到了适合动态变化的节点序号编码规则。主节点和其他节点分别用阿拉伯数字标识，形成的每一条路径均可以得到一串染色体。比如：初始节点需要搜索到目标节点7号，在算法运行中信息的传递需要经过节点3、12、5号最终达到7号目标节点，此时，所产生的路径编码记为1-3-12-5-7。

（2）遗传算法的适应度函数。遗传算法，在个体适应度函数也包括了时延、丢包率、负荷均衡三个方面的参数。时延小、丢包率低和负荷均衡度高，则说明该条路径的适应度较高，越符合最优路径的要求；反之，则该条路径的适应度较小，性能较差，不适合在算法中被选作为“父代”种群进行复制。

遗传算法中适应度函数为

$$f = \frac{1}{\mathrm{cost}[P(i,j)]} \tag{4-13}$$

（3）比例选择算子。比例选择算子又名轮盘赌选择，在蚁群算法和遗传算法进行过程中扮演着“裁判官”的角色，蚁群算法依靠选择算子保证下一跳节点被选择的随机性。遗传算法依靠选择算子保证被选择父代个体的随机性。

路由算法自适应函数代表一种被选择的概率，同时路径被选择的概率正比于适应函数的值，即自适应函数值越高，适应度越好，被选择的概率就越大，反之也成立。

选择算子在运用到遗传算法中时，为了使算法具有全局收敛的特点，在此基础上保留最佳个体的选择算子。

比例选择算子的路径概率计算公式为

$$P_{\mathrm{p}} = \frac{f}{\sum_{i=1}^{N} f_{\mathrm{i}}} \tag{4-14}$$

式中：P_{p} 表示遗传算法中个体被选择的概率；$\sum_{i=1}^{N} f_{\mathrm{i}}$ 表示遗传算法中个体适应度函数的和。

在轮盘转动阶段，每一条路径或节点被选择的概率大小通过式（4-15）对应到轮盘圆内的角度数

$$\theta = 2\pi P_{\mathrm{p}} \tag{4-15}$$

模拟有四个被选节点时分别对应概率值的大小，如图 4-7（a）所示；然后通过公式（4-15）计算则可得到在整个轮盘圆上对应的分布情况，如图 4-7（b）所示。

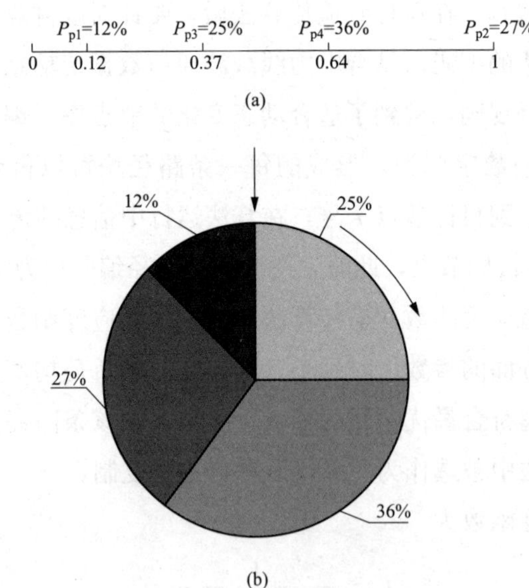

图 4-7　模拟轮盘选择

（a）路径被选择的概率值；（b）轮盘圆对应路径被选择概率的分布

由图 4-7 可知，在算法运行时，节点对应的概率值越大，扇形所占整个圆的面积越大，被选择的概率越大。这样既保证了设计自适应函数对算法寻优过程的引导作用，同时，在通过全局信息的选择下一节点时，提供了随机性。

4.4 蚁群算法

4.4.1 蚁群算法概述

1990 年，意大利的科学家 Dorigo 和学者们在研究过程中受到了蚂蚁寻找食物的启发，通过模拟其搜寻食物的实现过程，提出了新的寻优算法——蚁群算法。该算法真实模拟了自然界中蚂蚁觅食的行为，现阶段蚁群算法已经成功地解决了交通、通信、电力等领域的组合优化问题。

(1) 理论基础。蚂蚁觅食具体过程如图 4-8 所示，其中，相邻两点之间标有的数字 2 和 4 表示两者之间相距的单位距离，用来区分讨论路径长度和信息素的积累问题。

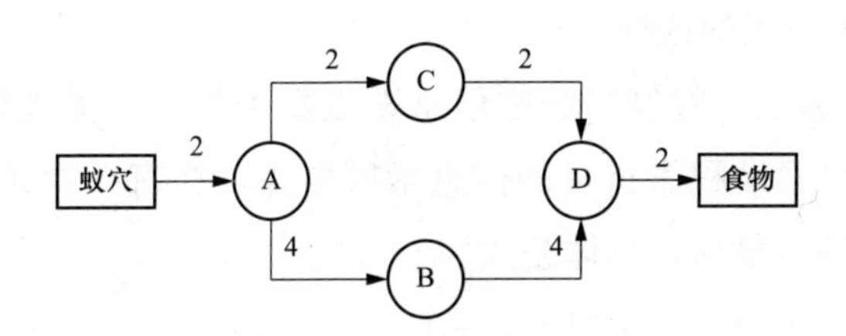

图 4-8 模拟蚂蚁觅食路径轨迹

AC 和 AB 路径上的信息素浓度会随不同批次的蚂蚁访问逐渐积累信息素。研究发现，随着时间的推移，AC 路径上积累的信息素大于 AB 路径上积累的信息素，故在下一时刻再次选择时，AC 路径被选择的概率增加，最后几乎所有的蚂蚁都会集中到 ACD 路径上，形成了一种正反馈机制。

所以，蚁群算法来自仿生学的特点有：①正反馈与负反馈相结合特点：正反馈是逐步缩小解的范围，确保最后可收敛于最优解，负反馈是在全局内扩大可能解的搜寻范围，避免搜寻过程中在某一局部重复迭代；②自组织特点：蚂蚁种群在觅食过程中，个体之间分工明确，配合完成“觅食”，具有较强的自组织能力；③分布式计算特点：在搜寻路径时，同时出发几只蚂蚁，算法最后的解不受某一个体的限制，增强系统的适应能力。

（2）数学模型。在蚁群算法搜寻最优路径解时，最关键的是利用算法中的正反馈机制，来进行关于路径选择下一跳节点和信息素的更新。

1）路径转移概率为

$$P_{ij}^{k}(t)=\begin{cases}\dfrac{[\tau_{ij}(t)]^{\alpha}\cdot[\eta_{ij}(t)]^{\beta}}{\sum\limits_{s\in allow_{k}}[\tau_{is}(t)]^{\alpha}},s\in allow_{k}(k=1,2,\cdots,m)\\0,s\notin allow_{k}\end{cases}\tag{4-16}$$

式中：m 表示算法中蚂蚁的总数量；k 表示算法中节点数；$P_{ij}^{k}(t)$ 表示 t 时刻蚂蚁 k 从节点 i 转移到节点 j 的概率值；$\eta_{ij}(t)$ 为启发函数，表示蚂蚁从节点 i 选择节点 j 的期望值，$\eta_{ij}(t)=1/d_{ij}$，d_{ij} 表示节点 i 到节点 j 之间的距离；$\tau_{ij}(t)$ 表示 t 时刻节点 i 到节点 j 路径上信息素浓度；α 表示信息素影响因子，数值越大即为信息素在路径转移中所起到的作用越大；β 表示启发函数影响因子，数值越大即在路径选择时会选择优先选择两点间距离较短的节点；$allow_{k}$ 表示蚂蚁 k 未访问的节点集合。

由式（4-13）可知，若整个路径中节点 j 的下一跳选择为节点 i 时，概率按照信息素浓度进行下一跳节点选择；若整个路径中的节点 j 是被禁止的节点，概率则为 0，不进行下一跳节点的选择。

2）信息素更新公式。蚁群算法中信息素更新类似于人类大脑的遗忘定律，所以为了防止以发信息素被积累过多的信息素所覆盖，在每一次访问到目标节点后，都要对残留的信息进行更新，具体公式为

$$\begin{cases}\tau_{ij}(t+1)=(1-\rho)\tau_{ij}(t)+\Delta\tau_{ij}(t)\\ \Delta\tau_{ij}(t)=\sum\limits_{k=1}^{n}\Delta\tau_{ij}^{k}(t)\end{cases},0<\rho<1\tag{4-17}$$

式中：$\Delta\tau_{ij}^{k}(t)$ 表示 t 时刻第 k 只蚂蚁在节点 i 到节点 j 连接路径上释放的信息素浓度；$\Delta\tau_{ij}(t)$ 表示 t 时刻所有蚂蚁在节点 i 到节点 j 连接路径上一共释放的信息素浓度和；ρ 表示信息素的挥发程度影响因子。

2）信息素释放。针对 t 时刻第 k 只蚂蚁在节点 i 到节点 j 连接路径上释放的信息素浓度 $\Delta\tau_{ij}^{k}(t)$ 的计算公式分别对应三个模型，分别为：

① 在 Ant Cycle System 模型中

$$\Delta\tau_{ij}^{k}(t)=\begin{cases}\dfrac{Q}{L_{k}},\text{第 }k\text{ 只蚂蚁从节点 }i\text{ 到节点 }j\\0,\text{其他}\end{cases}\tag{4-18}$$

式中：Q 为常数，表示蚂蚁在访问完所有节点时所释放的信息素的总和；L_k 表示第 k 只蚂蚁已搜寻到节点之间路径的长度。

② 在 Ant Quantity System 模型中

$$\Delta\tau_{ij}^{k}(t)=\begin{cases}\dfrac{Q}{d_{ij}},\text{第 } k \text{ 只蚂蚁从节点 } i \text{ 到节点 } j \\ 0,\text{其他}\end{cases} \tag{4-19}$$

式中：d_{ij} 表示节点 i 到节点 j 之间的距离。

③ 在 Ant Density System 模型中

$$\Delta\tau_{ij}^{k}(t)=\begin{cases}Q,\text{第 } k \text{ 只蚂蚁从节点 } i \text{ 到节点 } j \\ 0,\text{其他}\end{cases} \tag{4-20}$$

具体蚁群算法的三种模型的对比见表 4-2。

表 4-2　　蚁群算法的三种模型对比

蚁群模型	信息素计算	特点
Ant Cycle System 模型	利用蚂蚁经过路径长度 L_k（所访问路径的整体信息）	信息素释放与路径长度有关，利用了访问节点的全局信息，更加有利于路径寻优
Ant Quantity System 模型	利用蚂蚁经过节点之间的距离 d_{ij}（所访问路径的局部信息）	信息素释放与两个节点之间的距离有关，利用了访问节点的局部信息
Ant Density System 模型	利用访问完节点时所释放的信息素的总和	信息素释放仅与信息素常量 Q 有关

通过仿真实验可知，Ant Cycle System 模型在搜寻到最短路径时所需要的迭代次数比另两个模型需要进行更多次的搜寻，但是在路径搜索的问题上，Ant Cycle System 模型因为利用蚂蚁搜索路径的全局信息还是具有较强的优势。Ant Quantity System 模型、Ant Density System 模型均能较快地搜寻到最短路径，但是在应用到更加复杂的路径寻优时，两个模型不能利用蚂蚁搜寻路径的全局信息，容易导致算法在路径搜寻过程中存在陷入局部最优化的问题，有一定的弊端。

4.4.2　蚁群改进路由算法

尽管蚁群算法在解决通信组网问题时具有较好自适应性，基于正反馈机制使算法收敛于最优路径，但是，蚁群算法本身存在一定的局限性，算法在组网过程中容易陷入局部最优。

（1）考虑蚁群算法自适应性的改进。该方法是主要对蚁群算法自适应的提高从信息素更新和下一跳节点转移规则两方面进行优化。其中，针对蚁群算法信息素更新的改进又分为全局信息素更新和局部信息素更新。

1）全局信息素更新。全局信息素更新，即在每一次完成路径寻优的过程后对“中继器”中所记录的信息素进行更新，充分发挥蚁群算法应用在路由组网时正反馈的优点，从而提高蚁群算法在完成路径寻优时的收敛速度，则全局信息素更新公式为

$$\tau_{ij}(t+1)=(1-\rho)\tau_{ij}(t)+\rho\Delta\tau_{ij}(t) \tag{4-21}$$

其中

$$\Delta\tau_{ij}(t)=\begin{cases}\dfrac{Q}{\mathrm{cost}[P(i,j)]},\text{最优路径经过点 } i,j\\ 0,otherwise\end{cases} \tag{4-22}$$

其中，信息素释放在式（4-14）的基础上，加入了目标函数中的丢包率和时延。全局信息素更新公式由 t 时刻残留在路径上的信息素和完成本次寻优过程中增加的信息素量这两部分组成，初始时刻时的信息素增加量为 0，即 $\Delta\tau_{ij}(t)=0$。

2）局部信息素更新。引入局部信息素更新，即在每一只蚂蚁选择好下一跳后进行，使得在信息素更新时使用的所经过路径上的信息素所占比重略微减少，在一定程度上减小正反馈的指引性，在蚁群算法寻优过程中尽可能扩大搜索范围，降低陷入所有蚂蚁均沿一条路径而使搜索陷入局部最优的情况。局部信息素更新公式为

$$\tau_{ij}(t+1)=(1-\mu)\tau_{ij}(t)+\mu\tau_{ij}(0) \tag{4-23}$$

式中：μ 为局部信息素的挥发系数；$\tau_{ij}(0)$ 为信息素的初始值。

综上所述，改进信息素更新规则后，算法在实现过程中具体主要是对最优路径中每一个节点存在的必不可少性进行评价。引入路径的评价函数后，每一条路径的每个节点均有三个评价的因素，图 4-9 给出了有关时延评价因子在信息素更新过程中的具体操作。

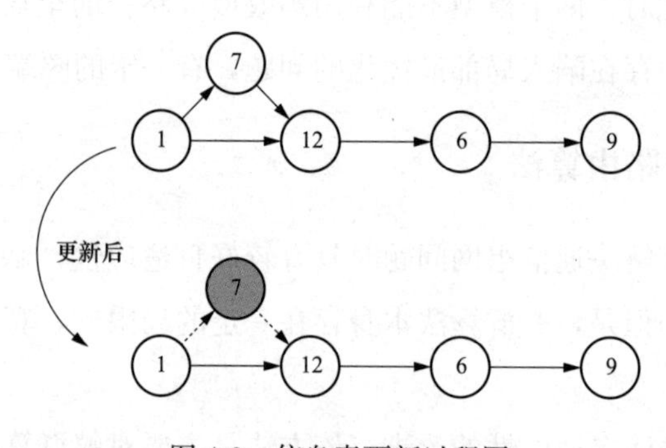

图 4-9 信息素更新过程图

由图 4-9（a）可知，假设在路径搜寻后，总共产生两条路径分别为：1-7-12-6-9、1-12-6-9。因为更新规则中加入的目标函数包含有评价因子，所以首先在局部更新信息素时，分别针对两条路径的目标函数中的时延因子进行评价得到 $delay_{1,7}+delay_{7,12}>delay_{1,12}$，说明节点 7 为非必须的节点。在蚁群算法输出的最优结果中可剔除，如图 4-9（b）所示。然后进行更新局部信息素，将 1-12-6-9 作为优化的路径输出，再对全局信息素进行更新。

3）转移规则。基于双模通信可同时测量信号的强度大小，所以在改进算法转移规则时，将信号的强度大小作为影响函数的启发因子的另一个因素。

具体设计时，节点在选择下一跳转移路径节点时在允许的范围内选择距离本节点较近的节点。这样在保证所选择路径信号强度的同时，也考虑到了信道对其的影响，见式（4-24）

$$\eta_{\mathrm{ij}}(t)=\frac{K\mathrm{Signal}(t)}{d_{\mathrm{ij}}} \tag{4-24}$$

式中：$\mathrm{Signal}(t)$ 表示 t 时刻从节点 i 到节点 j 路径上节点 j 的信号强度；K 表示信号强度的常系数。

（2）蚁群算法和遗传算法融合的基本思路。现有的蚁群算法在解决双模通信组网寻优过程中存在过早收敛于局部最优路径，造成这一现象正是因为蚁群算法在路径寻优时依据自身正反馈特点。

当设定初始信息素浓度保持一致时，蚁群算法初期的蚂蚁并不能直接认定现阶段规定范围内的最优路径，而需要在每一次寻优过程后随着信息素的叠加路径上逐渐积累的信息素，但同时，也可能会造成在某一环境下并非全局最优的路径上积累过多的信息素，越来越高信息素浓度将指引后续的蚂蚁选择这条非最优路径，就造成了蚁群算法局部的最优化。

基于上述存在的问题，遗传算法能较好地融合性和可扩大搜索范围的优点，把遗传算法和蚁群算法融合，在形成的混合算法中取长补短，达到解决问题的目的。

1）蚁群算法和遗传算法的融合。蚁群遗传混合算法的融合时机包括两个阶段，即在完成蚁群算法初步迭代寻优后，将蚁群算法和遗传算法的进行第一次融合；在遗传算法完成杂交、变异所产生新的解后，蚁群算法和遗传算法的第二次融合。

① 蚁群算法和遗传算法的第一次融合：在蚁群算法每一次迭代寻优开始后，会形成一个从中心节点到目标节点的路径寻优解的集合，此时，需要将遗传算法融入蚁群算法，即完成第一次融合。由蚁群算法所产生的解集合作为遗传算法的初始

解，然后通过交叉、变异等多次迭代进化过程，完成遗传算法对蚁群算法的补充进而产生更加优化的解。

最后，将蚁群算法产生最优解和融入遗传算法后蚁群算法产生的解进行对比分析，选择更加适合双模通信组网过程的解来进行后续蚁群算法中有关信息素更新的步骤。

② 蚁群算法和遗传算法的第二次融合：在进入到遗传算法后，当迭代达到设定的最大值时，即完成了遗传部分的迭代，需要再次进入蚁群算法，即完成了第二次融合；同时在结束遗传算法时，需要对所产生的最优路径上信息素进行全局更新。

通过遗传算法对产生的解进行控制，可避免蚁群算法搜索时间过长，以及由于搜寻解的范围有限而在某一部分收敛于局部最优解。所以，蚁群遗传混合算法所搜寻得到的最优解可更好地应用在双模通信组网过程中。

③ 基于前面遗传优化算法的介绍，蚁群遗传融合算法的具体实现步骤如下：

a）当网络部署完成，由中心节点发起初始化拓扑结构的过程。

b）初始相关参数。

c）设置迭代计数，每运行一次加一。

d）按照轮盘赌选择法进行下一跳节点选择，然后计算各评价因子的值。

e）判断是否满足目标函数的约束条件，当满足进入 f)，当不满足时进入 d)。

f）判断是否搜寻到目标，当满足时进入 g)，当不满足时进入 d)。

g）更新局部信息素。

h）判断是否达到蚂蚁数量设定值，当满足时进入 i)，当不满足时进入 d)。

i）计算所形成新种群中每条路径目标函数的适应度值。

j）采用轮盘赌选择算子产生父代个体。

k）按照概率执行交叉、变异操作。

l）计算每条路径的目标函数的适应度值。

m）对所产生的优化后路径进行信息素更新，产生新的种群。

n）更新全局信息素。

o）判断是否达到迭代次数最大值，当满足时进入 p)，当不满足时进入 c)。

p）输出算法最后搜寻得到的最优路径。

q）算法结束。

4.5 模糊层次分析法

由于电力用户总量庞大，地理分布极其广泛，具体现场环境也是千差万别，不同通信模块终端接入方式也是各不相同，于是出现不同通信方式接口网关和多模通信模块。为了提高融合通信网传输效率和通信成功率，本书介绍了一种基于模糊层次分析法的融合通信网切换算法。该算法以优化融合通信网为目标，选取可靠性、实时性、传输距离和经济性为准则，确定不同通信方式权重。通过综合权重对比分析可明确不同通信方式优先级，选择综合权重较高通信方式作为融合通信网优先路径，可稳定有效提高融合通信网数据传输成功率。

4.5.1 模糊理论

模糊理论（Fuzzy Logic）是一门利用到模糊集合的概念或连续隶属度函数的学科，内容主要涵盖模糊集合理论、模糊逻辑、模糊推理和模糊控制这几个方面。美国加州大学数学家扎德（L. A. Zadeh）于 1965 年提出采用差异函数描述不同的中介，并且通过准确的数学语言表达模糊性，首次建立了隶属函数概念，奠定了模糊理论的基础。扎德教授在 1974 年进一步推出了关于模糊理论的研究文章，让模糊理论成为一个更加热门的课题。英国著名教授 E. H. Mandani 在 1974 年首次将模糊理论运用到蒸汽机控制，从而开创了模糊控制。1984 年在美国成立的国际模糊系统联合会（IFSA），标志着模糊理论实际应用进入新时代。

模糊的概念来源于人类认知的过程，而概念则是思维过程中反映客观存在的基本形式之一。当我们起初认知事物的时候，总会发现其相似的特征同时进行概括，从而就有了概念。这个概念不仅包括其内涵，还具有外延含义。概念的内涵表示的是其事物总体本质，而外延含义是指其全体对象。模糊概念就是当这些概念的外延含义没有精确的范围，或说不清晰、不确定。

4.5.2 模糊层次分析法

层次分析法（The Analytic Hierarchy Process，AHP）是一种实用的多目标决策分析方法，通过将决策相关因素采用分层的思想，结合定性分析与定量评判进行层次排序，得出最理想方案。AHP 首先由美国匹兹堡大学运筹学专家萨第

(T. L. Saaty) 教授等人在20世纪70年代提出，用于解决“美国国防部研究课题”电力分配问题。1982年，我国著名学者许树柏教授发表的一篇关于AHP文章，让AHP在国内得到进一步关注和运用。

层次分析法包含四个步骤；①建立递阶层次结构，将决策问题分解成目标层、准则层和方案层；②构造判断矩阵，根据准则进行两两因素比较建立n阶正互反矩阵；③层次单排序与一致性检验，通过判断矩阵计算相对权重并计算一致性比率进行一致性检验；④层次总排序与最终决策，利用相对权重进行加权求和进行总目标排序并按照排序结果选择最佳方案。

层次分析法在多目标决策问题上应用广泛，可帮助决策者较便捷地做出合适的选择，其基本原理和步骤简单并且数学计算相对简便，易于了解和运用。在定性分析的基础上结合定量评判，让最终决策更加具有科学依据，从而使层次分析法成为一个系统严密的分析方法。由于人们对事物判断主观性的不同，有时会出现判断矩阵不能通过一致性的条件，而调整初始判断矩阵使其具有一致性是一个复杂的过程。

模糊层次分析法（Fuzzy Analytic Hierarchy Process，FAHP）通过结合模糊理论与层次分析法，利用模糊理论解决层次分析法中计算烦琐及判断矩阵一致性很难验证通过等问题。本章利用模糊层次分析法对融合通信网中四种本地通信支撑技术进行权重分析，根据可靠性、实时性、传输距离和经济性为准则，确定四种通信技术优先级。

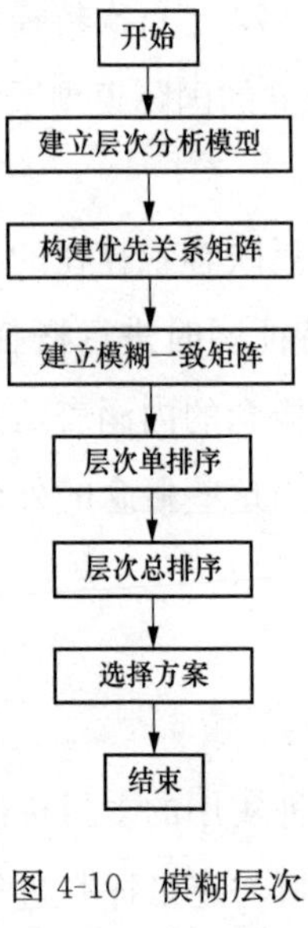

FAHP算法实现可划分为五个基本步骤：建立层次分析模型、构建优先关系矩阵、建立模糊一致矩阵、层次单排序和层次总排序。其算法流程如图4-10所示。

开始
建立层次分析模型
构建优先关系矩阵
建立模糊一致矩阵
层次单排序
层次总排序
选择方案
结束

图4-10　模糊层次分析法的流程图

如图4-10所示，模糊层次分析法算法步骤具体过程如下：

算法步骤1：根据决策问题建立层次分析模型。

针对具体决策问题，分析其所需要做出的最终目标，根据选定最终目标影响因子确定相关准则因子。可将层次结构分为三层：目标层、准则层和方案层，准则层又可根据其需要继续向下细分，将一个复杂决策问题通过层次分解使其简单化。

算法步骤2：根据准则因子建立优先关系矩阵。

通过上一步骤确定层次模型，首先根据准则层中各个因子对上一层次目标层相对重要性，建立一个优先关系矩阵，然后根据各个方案在上一层次准则层的不同因子中相对重要程度，建立起各自优先关系矩阵。优先关系矩阵可以采用三级标度 0、0.5 和 1 确定两两因子相对关系，利用三级标度简单快捷。

$$F=(f_{\mathrm{ij}})_{\mathrm{n}\times\mathrm{n}}=\begin{bmatrix} f_{11} & \cdots & \cdots & f_{1\mathrm{n}} \\ f_{21} & \cdots & \cdots & f_{2\mathrm{n}} \\ \vdots & \cdots & \cdots & \vdots \\ f_{\mathrm{n}1} & \cdots & \cdots & f_{\mathrm{nn}} \end{bmatrix} \tag{4-25}$$

$$f_{\mathrm{ij}}=\begin{cases} 0, i \text{ 没有 } j \text{ 重要} \\ 0.5, i \text{ 和 } j \text{ 同等重要} \\ 1, i \text{ 比 } j \text{ 重要} \end{cases} \tag{4-26}$$

算法步骤 3：根据优先关系矩阵建立模糊一致矩阵。

通过上一步骤计算公式得到优先关系矩阵，分别对矩阵行列求和，利用相关公式进行变换，最终得到模糊一致矩阵，不需要再对矩阵进行一致性检验，可大大减少由于一致性造成的复杂计算

$$r_{\mathrm{i}}=\sum_{k=1}^{n} f_{\mathrm{ik}} \tag{4-27}$$

$$r_{\mathrm{ij}}=\frac{r_{\mathrm{i}}-r_{\mathrm{j}}}{2n}+0.5 \tag{4-28}$$

$$R=(r_{\mathrm{ij}})_{\mathrm{n}\times\mathrm{n}} \tag{4-29}$$

算法步骤 4：根据模糊一致矩阵进行层次单排序。

通过上一步骤求出模糊一致矩阵，利用其作为依据，计算上一层次准则层中单个因子情况下各个方案层的相对权重。可通过方根法完成各个方案在单一准则因子下相对权重，计算过程相对简单

$$w_{\mathrm{i}}=\frac{2\sum_{j=1}^{n} a_{\mathrm{ij}}+n-2}{2n(n-1)} \tag{4-30}$$

算法步骤 5：根据层次单排序最终确定层次总排序。通过上一步骤得到的层次单排序，结合上一层次准则层中各个准则因子之间相对权重，最终得出方案层中各个方案最终权重总排序

$$W=(w_1^{\mathrm{T}}\ \ w_2^{\mathrm{T}}\ \ w_3^{\mathrm{T}}\ \ w_4^{\mathrm{T}})\times w^{\mathrm{T}} \tag{4-31}$$

4.5.3　双模通信网切换的必要性分析

双模通信网中存在着载有电力线载波和微功率无线两种通信方式的电能表或其他终端，当集中器与这些终端进行数据传输时，有可能同时存在着两种可选择信道。在集中器与电力终端进行用电数据上传或主站命令下行通信时，首先检测是否存在多种可用信道，通过模糊层次分析法确定既有通信信道权重，选取最优信道进行数据通信，达到最优路径选择，提高通信网络的可靠性及成功率。

在目前实际情况下，现有通信主要采用电力线载波作为主要通信方式，微功率无线通信方式作为其补充通信方式。通过灵活切换双模通信网可选通信信道，可充分利用各种不同通信信道的优点，当一种通信方式存在严重干扰时，切换至信道环境较好的通信链路，可大大提升通信效率。

4.5.4　双模通信网切换的算法实现

针对双模通信网提出的基于模糊层次分析法的切换算法实际运用中，具体包含以下三个部分：①集中器与终端实时获取不同信道性能指标，参与构建并实时更新通信节点全信息矩阵；②根据通信节点全信息矩阵，利用模糊层次分析法计算得到双模通信网各种可选通信信道层次总排序后综合权重；③根据层次总排序后综合权重节点切换至优先级最高信道进行数据传输。

实施步骤 1：取双模通信网可选通信信道切换指标参数。根据通信节点全信息矩阵获取双模通信网中可选通信信道性能指标，分析可选通信信道种类及各个通信信道可靠性参数、实时性参数、传输距离参数和经济性参数，作为通信信道权重影响因子。

实施步骤 2：通过模糊层次分析法计算双模通信网可选通信信道综合权重。从两个可选通信信道中选取最优信道是一个双因子决策问题，首先需要建立一个层次分析结构，如图 4-11 所示，本章模糊层次分析法将决策分成三个层次：①目标层即最优信道方案；②准则层即可靠性、实时性、传输距离和经济性；③方案层即两种通信方式。通过建立三层层次分析结构，计算可选通信信道综合权重时，利用分别计算下一层次相对上一层次权重，依次向上计算最终综合权重，求出可选通信信道最优方案。

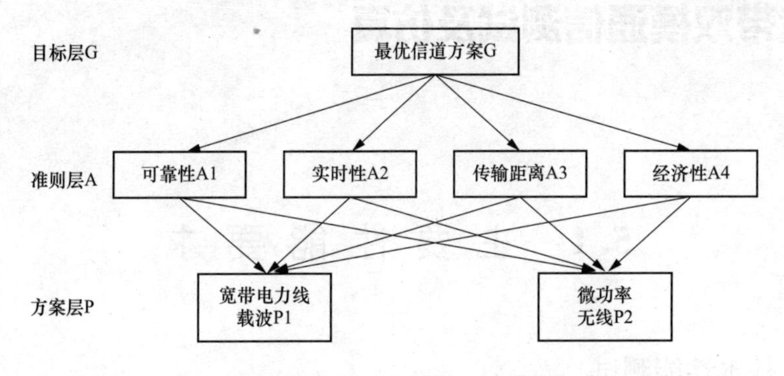

图 4-11　模糊层次分析法层次结构

实施步骤 3：通信节点实行通信信道切换。根据实施步骤 2 得到最优信道方案，通信节点在两种可选通信信道中切换至最优信道方案进行数据传输，并及时更新通信节点全信息矩阵。

第5章

宽带双模通信测试及仿真

5.1 主要性能要求

5.1.1 基本性能测试

（1）工作频段。测试载波模块工作频率范围，可测试9kHz～1GHz频率范围内的信号。

（2）发射功率谱密度。测试宽带载波功率谱密度，可测试范围为－100～＋20dBm/Hz。

（3）中心频率。载波通信所使用的中心频率，可测试9kHz～1GHz范围内的中心频率。

（4）工作带宽。载波通信带宽，可测试9kHz～1GHz。

（5）最大发射电平。载波通信，信号发射最大电平，测试范围：0～200dBmV。

（6）无线发射功率。可测试9kHz～1GHz范围内的有效发射功率。

（7）无线发射数传频偏。可测试100kHz以内的频偏。

（8）杂散辐射限制。可测试－50～20dBm的杂散。

（9）通信成功率测试。基本通信能力测试，连续抄读1000次。

（10）功耗。模块功耗测试评估（强弱电接口功率累加方案），可测试15W以内功耗。

5.1.2 点对点通信性能测试

（1）点对点性能。可全自动完成抗衰、抗噪声、抗阻测试。

（2）接收灵敏度。满足技术测试要求（误包率小于1%时，测试值要求≤－106dBm）。

（3）中心频率偏移。满足技术测试要求（误包率小于1%，且发射功率为－106dBm时，测试值≥15ppm）。

（4）邻道干扰抑制。满足技术要求（≥31dB）。

5.1.3 协议一致性互联互通测试

从应用角度测试多厂家模块的互联互通性能。

5.1.4 流程及互换性测试

具备档案同步流程、从节点监控流程、从节点主动注册流程、事件上报流程、集中器主动模式周期抄表流程、路由主动模式周期抄表流程、启动广播流程、表端模块协议流程测试功能，使用协议自动测试软件进行测试，确保各种通信单元的互换性。

5.1.5 综合组网功能测试

（1）能进行广播校时、搜表功能、费控及拉合闸测试、事件主动上报。

（2）抄表测试。包括随抄测试、日冻结测试、小时冻结测试。

（3）路由修复能力测试。测试载波通信方案的路由稳定性，包括中继节点移除修复能力、游离从节点入网测试等测试项目。

（4）台区串扰测试。模拟实际情况测试多台区串扰支持能力。

（5）中继深度测试。测试载波模块中继能力。

（6）模块升级功能测试。测试载波模块在线升级程序功能（需要被测试厂家支持）。

（7）台区识别。可模拟至少两个台区，测试通信模块台区识别功能，要求识别率100%。

（8）停电上报功能。可测试同通信停电上报功能，无漏报。

（9）相位识别功能测试。测试模块对于相位识别功能的支持能力。

5.2 仿真测试平台的设计

5.2.1 仿真测试平台的硬件设计

（1）仿真测试平台的硬件组成。整个测试系统的硬件由7个机柜组成，其中1号机柜及2号机柜主要用于实现双模模块的大部分功能、一般电气性能及通信性能测试；3号机柜～7号机柜主要用于支撑较大数量的双模模块组网测试、现场情形仿真测试及一些需要在组网状态下进行的双模模块功能测试，3号机柜～7号机柜的应用基本上都需要结合机柜1号机柜及2号机柜一起使用。

1号机柜，名称：HPLC双模通信性能测试1。

主要组成部件有交流功率计、直流功率计、工控计算机、屏蔽抽屉、变频隔离电源（三相）、模块净化电源、LabView高速采集设备、信号耦合工装、功率及协议测试单元板。

2号机柜，名称：HPLC双模通信性能测试2。

主要组成部件有频谱分析仪、载波信号发生器、无线信号发生器、1号性能测试屏蔽箱、2号性能测试屏蔽箱、信号切换矩阵、信号耦合工装、射频切换电路、程控信号衰减器、阻抗测试板、强电隔离衰减器、模块净化电源、串口服务器、无线平板天线、功率及协议测试单元板。

3号机柜，名称：HPLC双模组网测试及仿真1。

主要组成部件有变频隔离电源AFC-110、程控信号衰减器（自主专利）WTFS0003、组网测试屏蔽箱1、组网测试屏蔽箱2、组网测试屏蔽箱3、强电隔离衰减器、模块净化电源、载波组网测试单元板、无线平板耦合天线TY-863。

4号机柜，名称：HPLC双模组网测试及仿真2。

主要组成部件有程控信号衰减器（自主专利）WTFS0003、组网测试屏蔽箱1、组网测试屏蔽箱2、组网测试屏蔽箱3、强电隔离衰减器、模块净化电源、载波组网测试单元板、无线平板耦合天线TY-863、串口服务器。

5号机柜，名称：HPLC双模组网测试及仿真3。

主要组成部件有程控信号衰减器（自主专利）WTFS0003、组网测试屏蔽箱1、组网测试屏蔽箱2、组网测试屏蔽箱3、强电隔离衰减器、模块净化电源、载波组网测试单元板、无线平板耦合天线TY-863。

6号机柜，名称：HPLC双模组网测试及仿真4。

主要组成部件与4号机柜相同。

7号机柜，名称：HPLC双模组网测试及仿真5。

主要组成部件与5号机柜相同。

（2）测试平台。

1）电源系统。测试系统的电源控制部分主要有：①漏电保护空气开关，过电流保护动作电流40A，漏电保护动作剩余电流30mA；②手柄开关，控制整套测试系统的交流供电通断；③交流接触器，控制主电力或各支路电源的通断；④变频隔离电源（三相），将AC 220V单相市电转变为可调电压、频率的三相四线交流电，模仿现实的台区供配电变压器供电方式，在组网测试、台区识别、台区串扰的测试中用于模仿第一个变压器台区的供电；⑤变频隔离电源（单相），将AC 220V单相市电转变为可调电压、频率的单相交流电，用于模仿第二个变压器台区的供电，支撑组网测试、台区串扰及台区识别的测试功能需求；⑥台式数字万用表，用于测量双模模块的弱电侧直流电流消耗，进而计算出弱电侧功耗；⑦交流功率计，用于测量双模模块的强电侧功耗；⑧照明线路控制器，用于接收来自工控计算机的RS485指令，进行交流接触器的通断控制及检测交流接触器的辅助触头状态以验证控制是否成功；⑨静化开关电源模块，所述电源模块是专为本测试系统开发的电源供应器，每个单品具有四路13.5V直流电源输出，每路直流电源均经过特定的LC滤波器网络抑制纹波，以达到测试过程中不影响宽带电力线载波通信性能及微功率无线通信性能的目的。

2）性能测试。双模模块的性能测试、功能测试、通信协议一致性测试主要由这些部件支撑：①工控计算机：作为整套测试平台的控制中心，通过运行定制化的应用软件达成测试方案创建、执行测试、执行状态显示、测试结果显示等的实现；②以太网交换机：扩展工控计算机的以太网连接能力，与多个仪器/设备通信（频谱分析仪，信号发生器，RS485服务器等）；③RS485服务器：基于以太网与工控计算机连接，扩展工控计算机的串口连接能力，支撑仪器/设备/部件/双模模块的串口通信需求；④功分器：配合同轴射频开关使用，实现双模模块的宽带电力线载波通信信号或微功率无线通信信号的分支、切换、耦合，达成自动化测试不同的测试项目目的；⑤程控衰减器：加于1号性能测试屏蔽箱与2号性能测试屏蔽箱之间的宽带电力线载波通信信号及微功率无线通信信号通道上，用于测试宽带电力线载波通信的抗衰减性能及微功率无线通信的接收灵敏度等需要信号衰减后进行的性能测试项目；⑥RS485转RS232模组，将RS485及RS232两种接口电平相互转换，实现工控计算机与程控衰减进行串口通信调节衰减值的目的；⑦同轴射频开关：是信号路径切换器件，将宽带电力线载波通信/微功率无线通信信号通道连接或断开至频谱分析仪、信号发生器及组网环境的连接，以实现自动化测试不同项目的，同轴射频开关还需配合照明线路控制器及一些继电器才能实现工控计算通过RS485通信的方式对同轴射频开关进行控制；⑧1号性能测试屏蔽箱：作为双模模块的主节点（集中器本地通信模块）测试工装，提供便捷的主节点模块测试放置槽位、测试性能所需的通信接口连接及良好的独立屏蔽环境，支持测试集中器终端整机；⑨2号性能测试屏蔽箱：作为双模模块的从节点（智能电能表本地通信模块、Ⅰ型采集器本地通信模块、Ⅱ型采集器）测试工装，提供便捷的从节点模块测试放置槽位、测试性能所需的通信接口连接及良好的独立屏蔽环境，支持测试智能电能表终端整机。

3）功耗测试抽屉。功耗测试抽屉作为双模模块的功耗测试工装，提供便捷的模块测试放置槽位、测试功耗所需的通信接口连接及相对较好的独立屏蔽环境。功耗测试抽屉具有两路RS485外连通信接口，一路主节点双模模块与工控计算机的通信连接，同时也是主节点双模模块测试槽位的供电电源控制通信渠道；另一路从节点双模模块与工控计算机的通信连接，同时也是从节点双模模块测试槽位的供电电源控制通信渠道。

4）组网测试屏蔽箱。组网测试屏蔽箱内部具有相同的电气功能，组网测试屏蔽箱作为双模模块的组网测试工装，主要支撑多样化的分级组网测试、台识别及台区串扰测试，提供便捷的模块测试放置槽位、测试所需的通信接口连接及良好的独立屏蔽环境。

（3）板级电路。系统仪器、部件之间通信接口的不标准，需要开发一些相应的接口电路进行转换，以实现系统仪器、部件之间达成通信、控制目的。

1）性能测试工装板。用途是解决各种模块的测试插装位置，具备通信接口，其中一组RS485接口电路将模块弱电接口的UART电平转换为RS485电平以便经过RS485服务器与工控计算机通信；另一组RS485接口电路作为工装板上MCU的UART转变为RS485电平的转换电路，实现MCU与工控计算机通信，实现通过MCU控制继电器，进行达到通断双模模块工作所需的弱电、强电的目的。

2）双虚拟表模块。通过适当的电阻焊装选择，工装板可配置为双虚拟表模块的硬件，烧写不同的固件程序则可在组网测试中用作三相电能表＋单相电能表的双虚拟表，即支撑三相模块、Ⅱ型采集器的组网测试。

3）阻抗测试板。需配合性能测试工装板使用，通过性能测试工装板上的MCU驱动阻抗测试板上的若干继电器，实现在进行抗阻抗测试时在HPLC的信号上接入不同的阻性负载或容性负载，总共可接入4种阻性负载（0.5Ω/5Ω/50Ω/100Ω）及3种容性负载（100nF/10nF/1nF）。阻抗测试板具备的另一个功能是进行分相线HPLC信号耦合与强、弱电隔离，使之可用于HPLC的多种性能测试，如三相线分别抗衰减测试、工作频段测量、功率谱密度测量等。

4）RS485 转 RS232 模块。RS485 转 RS232 模块，用于解决部分仪器或器件采用 RS232 接口不适宜通过长线缆与 RS485 服务器通信的问题，将 RS232 电平转换为 RS485 电平之后，则可支持长线缆通信的需求。

5）RS485（DB9）转接线端子模块。RS485（DB9）转接线端子模块，用于解决仪器、部件、屏蔽箱后侧的 DB9 型 RS485 接口连接 RS485 通信线缆的问题。

6）虚拟表 x4 模块。虚拟表 x4 模块，1 个组网测试屏蔽箱内有 20 个 13 单相模块测试槽位，每个测试槽位均需配备一块虚拟电能表，虚拟表以 4 个作为一个组合，成为一块虚拟表 x4 模块工装板，工装板具有等同于真实单相电能表对单相模块的指令响应且具有 RS485 接口与工控计算机通信，工控计算机可查询虚拟电能表的工作状态（如拉合闸状态），可改变工装板的工作模式（如改为Ⅰ型采集器工作模式以顺应Ⅰ型采集器本地通信模块的组网测试需求等）。

7）HPLC 程控衰减器模块。是实现多样化分级组网的关键部件，其具有 3 个连通的输入接口及 3 个独立可程控的宽带电力线载波通信信号衰减器，共对外提供 6 个 SMA 信号接口；还具有阻抗变换隔离电路，实现双模模块强电侧的宽带电力线载波通信信号与安全电压的阻抗为 50Ω 的单端信号之间的转换，为屏蔽箱内的宽带电力线载波通信信号提供了方便的直连接口；阻抗为 50Ω 的单端信号经过 SMA 连接器接入同轴屏蔽线传输，避免了宽带电力线载波通信信号散射，为了达成良好的屏蔽箱屏蔽效果，转换后的宽带电力线载波通信信号还应经过一个适当频段的低通滤波器再连接至屏蔽箱的 SMA 外连信号接口；HPLC 程控衰减器模块上的单片机电路及 RS485 接口电路实现了与工控计算机之间的通信，达到程控变换不同衰减样式的目的。

8）弱电电源净化模块。弱电电源净化模块，其作用是净化供给双模模块的 13.5V 或 12V 直流电源，使宽带电力线载波通信信号、微功率无线通信信号不能通过弱电电源外连端口与外界通信又不会对屏蔽箱内的宽带电力线载波通信信号、微功率无线通信信号造成明显抑制。模块一端是内丝内针的 SMA 接头，方便直接拧接于屏蔽箱的内部后侧的穿箱 SMA 接头上；另一端是欧规接线端子，方便接线。

9）强电电源净化模块。强电电源净化模块，其作用是净化供给双模模块的 220V 交流电源，使宽带电力线载波通信信号、微功率无线通信信号不能通过交流电源外连端口与外界通信又不会对屏蔽箱内的宽带电力线载波通信信号、微功率无线通信信号造成明显抑制。

5.2.2 仿真测试平台的软件设计

（1）嵌入式软件设计。嵌入式软件的整体框图如图 5-1 所示，整个嵌入式程序包含两个部分：组网箱虚拟表程序和性能测试箱工装板程序。

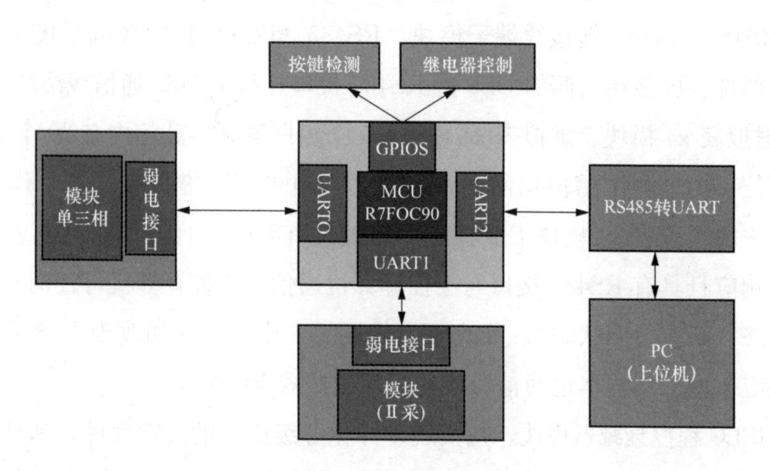

图 5-1　嵌入式软件框图

上位机与待测模块的通信原理图如图 5-2 所示；组网测试平台上位机与虚拟表进行数据交互时，通过交换机发送数据帧到相应的网口转 RS485 模块，该模块将 TCP/IP 协议转换成串口协议，将数据发送到指定机柜。

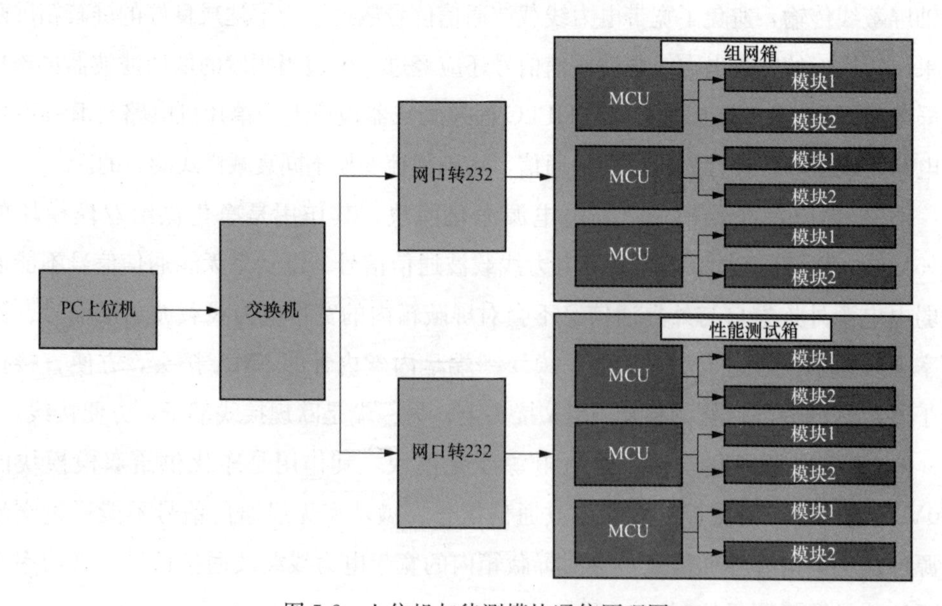

图 5-2　上位机与待测模块通信原理图

虚拟表一端通过 RS485 与上位机通信，响应上位机的查询、设置、抄表等指令，另一端支持接入两个待测试模块，类型可以是单、三相模块，Ⅰ采模块；同理，工装一端也通过 RS485 与上位机通信，响应上位机的查询、设置、抄表、继电器控制等指令，另一端支持接入两个待测试模块，类型可以是单、三相模块，Ⅱ采模块；板根据接入待测试模块的类型，虚拟表分别模拟实体表（供单/三相模块使用）、Ⅰ型采集器（供Ⅰ型采集器模块用），工装板分别模拟实体表（供单/三相/Ⅱ型采集器模块使用），以及作继电器控制功能使用。

虚拟表总体软件架构如图 5-3 所示，包括：初始化模块、上位机交互模块、待测试设备交互模块。

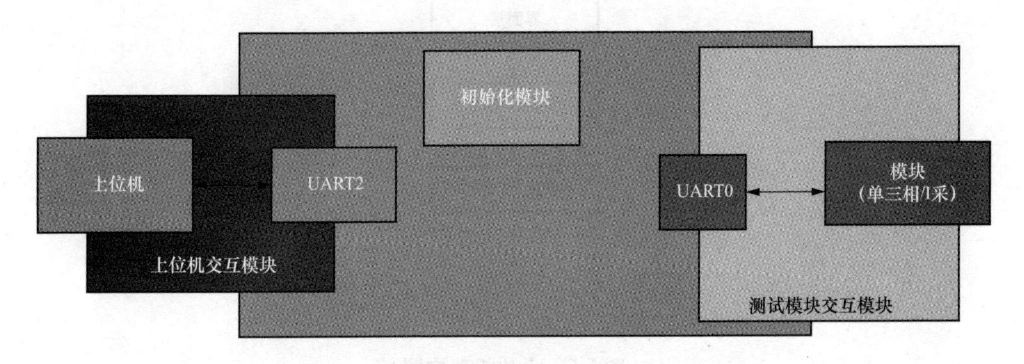

图 5-3 虚拟表软件架构图

该程序可模拟实体表实现和单相模块、Ⅰ采集模块的数据交互，从而实现对单相模块，Ⅰ采集模块的组网性能测试。虚拟表程序各功能模块描述如下：①初始化模块是负责硬件初始化，系统参数及变量的初始化；②上位机交互模块是处理虚拟表和上位机的所有交互流程；③待测试设备交互模块是根据接入待测试模块的类型，分别模拟虚拟实体表，虚拟Ⅰ型采集器，负责与待测试模块进行交互。

虚拟表程序的数据输入、输出模型如图 5-4 所示，程序通过从 UART 口接收报文帧进行数据输入；并把收到的数据帧进行处理，包括数据帧合法性判断，报文解析，根据解析结果做相应处理，把处理的结果以报文响应帧的方式发给请求端。

（2）上位机软件设计。上位机系统采用三层架构的设计模式，通常意义上的三层架构就是将整个业务应用划分为：界面层（User Interface layer）、业务逻辑层（Business Logic Layer）、数据访问层（Data access layer）。区分层次的目的即为了“高内聚低耦合”的思想。使用事件与委托实现界面与逻辑分离。从下至上分别为：数据访问层、业务逻辑层（又或称为领域层）、表示层。上位机架构图如图 5-5 所示。

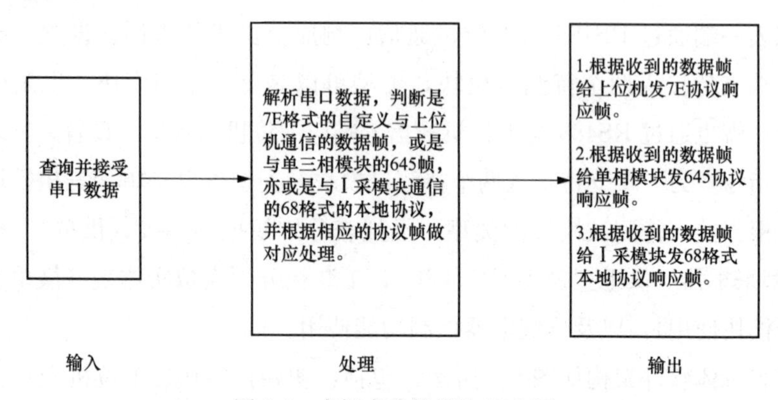

图 5-4　虚拟表功能模块 IPO 图

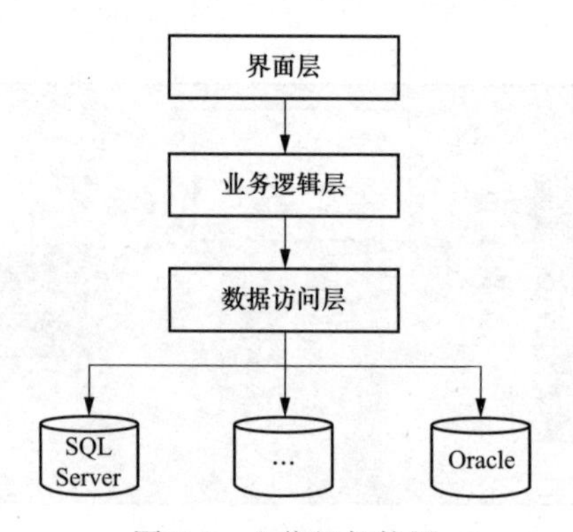

图 5-5　上位机架构图

程序主界面包含了所有可测试项及功能，如图 5-6～图 5-13 所示。

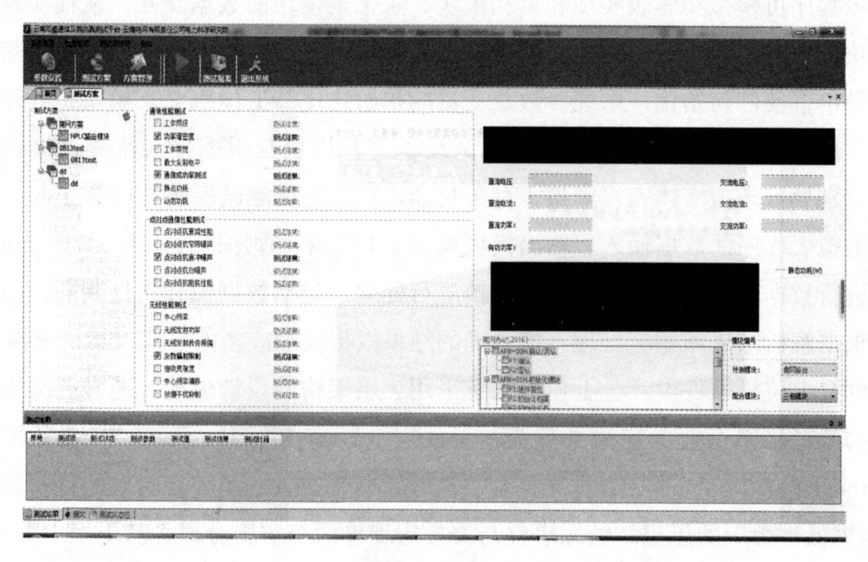

图 5-6　主界面

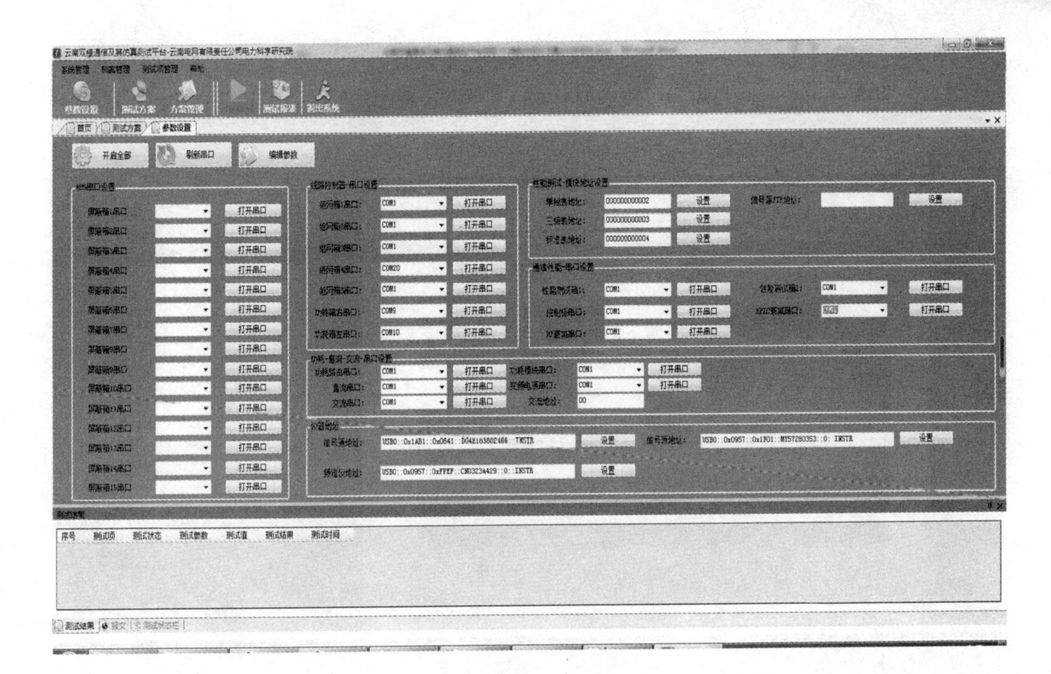

图 5-7　系统参数配置界面

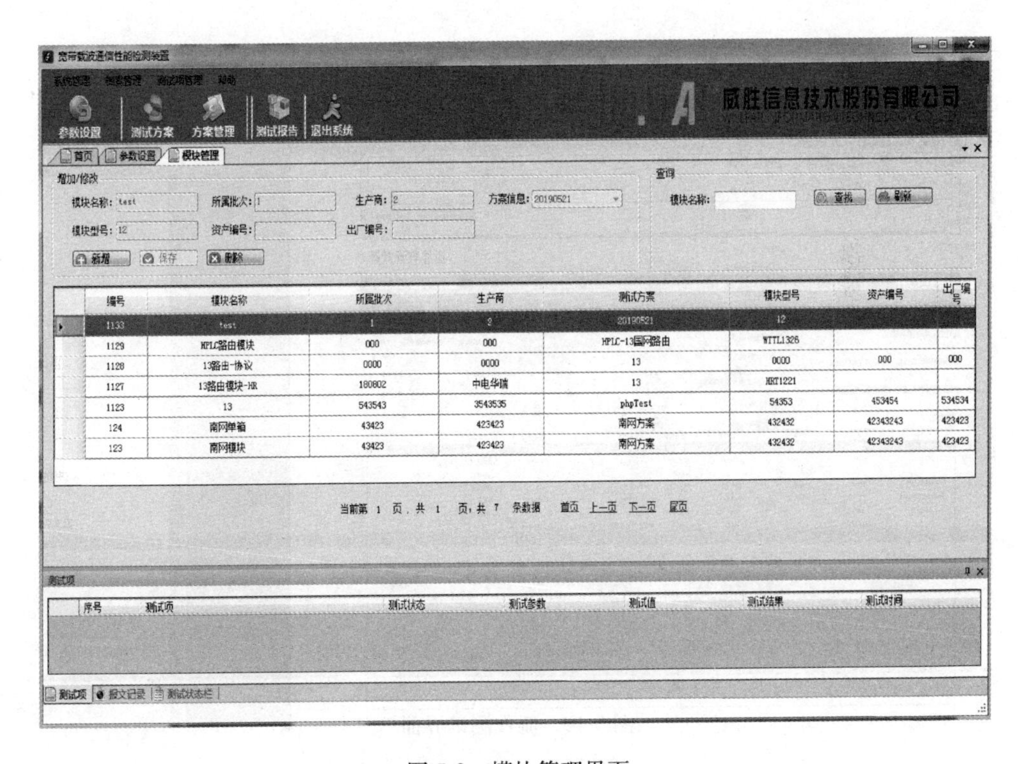

图 5-8　模块管理界面

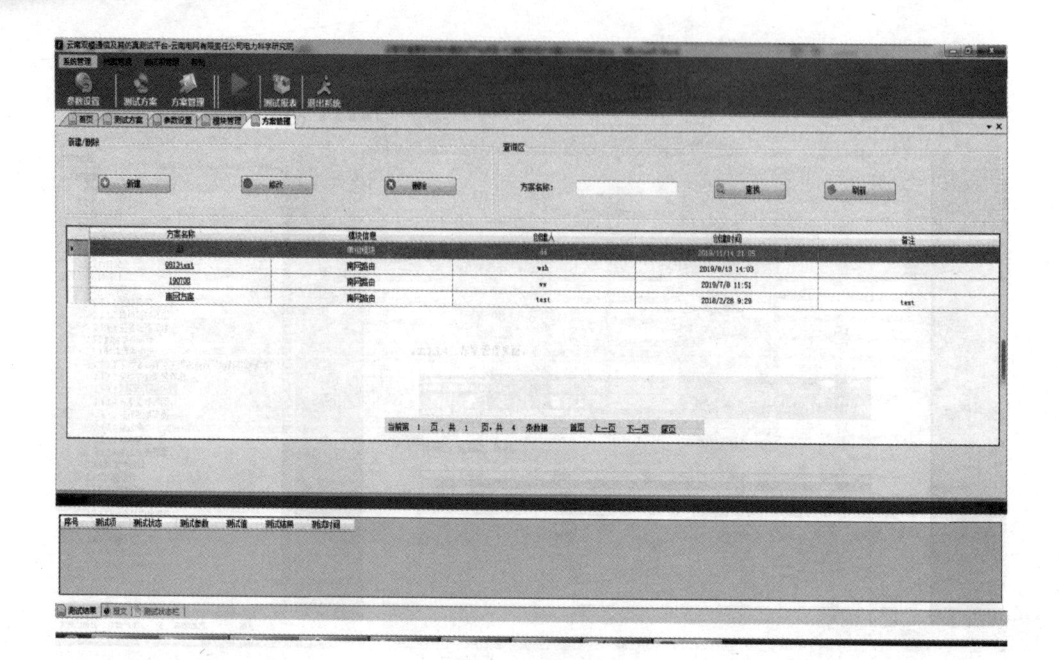

图 5-9　方案管理界面

云南双模通信及其仿真测试平台-云南电网有限责任公司电力科学研究院

参数设置　测试方案　方案管理　测试报表　退出系统

首页　测试方案　参数设置　模块管理　方案管理　互换流程测试

开始测试

选择测试流程

选择测试流程

全选

档案同步流程

从节点主动注册流程

定期/周期抄表流程（集中器主动方式）

定期/周期抄表流程（路由模块主动方式）

广播流程

从节点监控流程

模块选择

选择从节点模块：南网路由　模块启动时间：10 秒

识别流程数据域

通信主节点地址：000000000012

档案同步流程数据域

同步从节点数量：10

从节点主动注册流程数据域

持续时间：1 min　从节点重发次数：1

随机等待时间片个数：1 （时间片指150ms）

序号　测试项　测试状态　测试参数　测试值　测试结果　测试时间

测试结果　报文　测试状态栏

图 5-10　流程测试界面

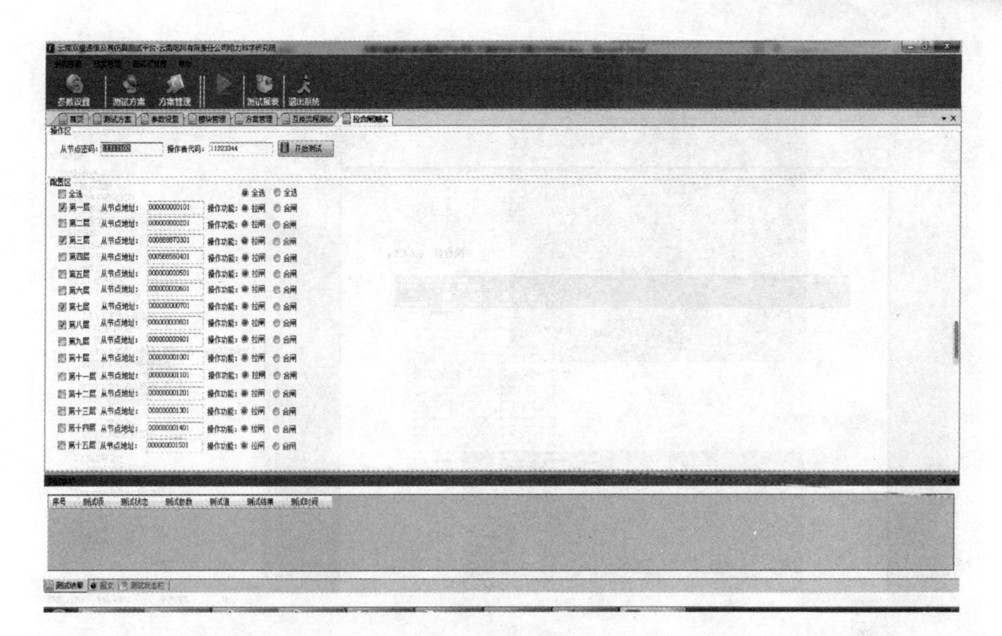

图 5-11 拉合闸界面

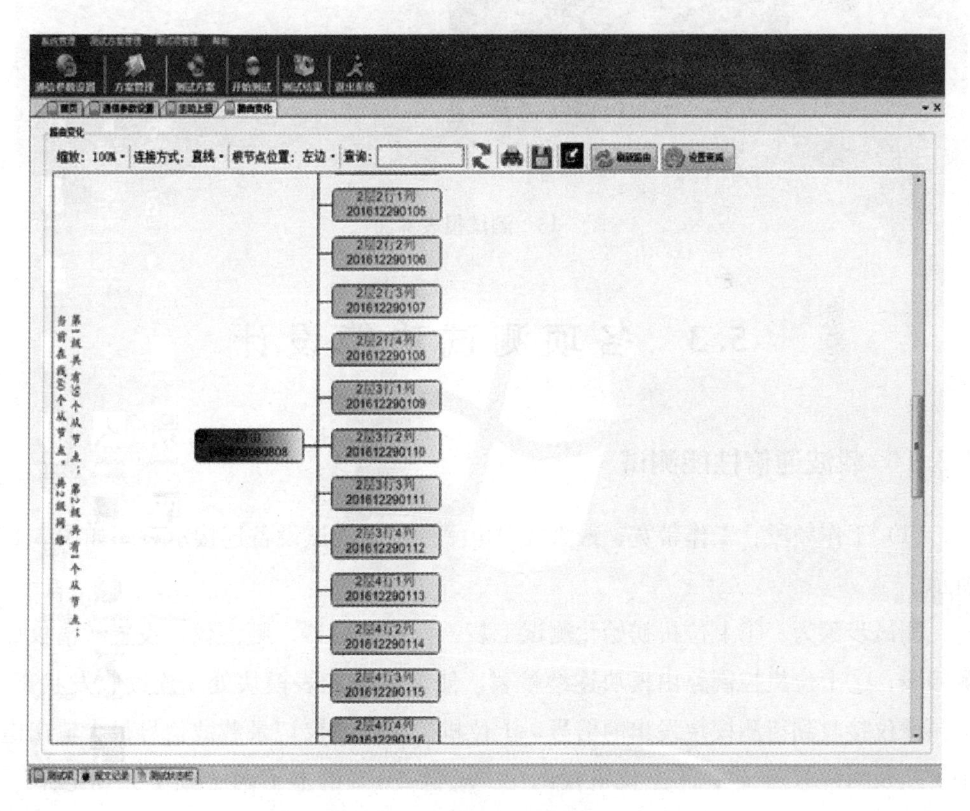

图 5-12 路由变化测试界面

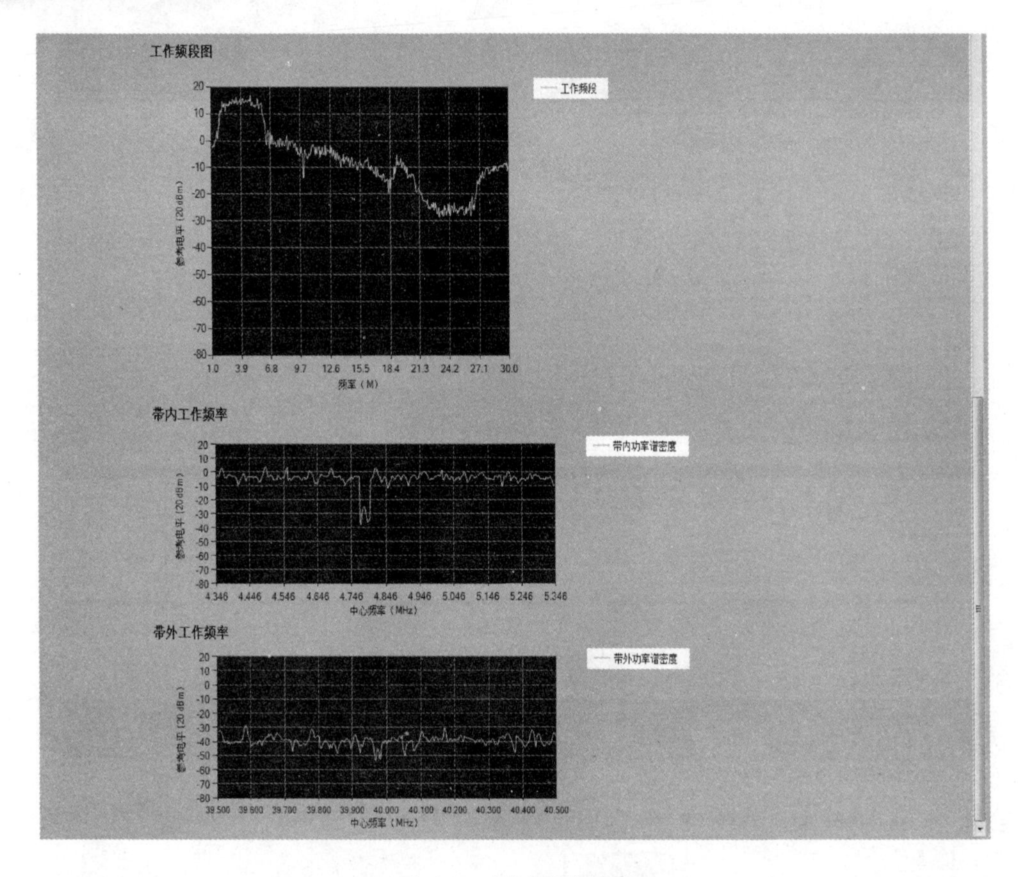

图 5-13　测试报表界面

5.3　各项测试功能设计

5.3.1　载波通信性能测试

（1）工作频段、工作带宽、最大发射电平测试。测试设备连接示意图如图 5-14 所示。

测试步骤为：①上位机初始化测试工装、程控衰减器、频谱仪，设置频谱仪监测频段；②上位机控制路由模块连续抄表，使待测电能表模块处于连续收发状态；③频谱仪接收到待测模块发出的信号，上位机控制频谱仪记录载波信号最大输出电平 P_{max} 及对应频点 f_m；④上位机找出比 P_{max} 低 21dB 的上下两个频率分别记作 f_1 和 f_2，即工作带宽 $B=f_2-f_1$。

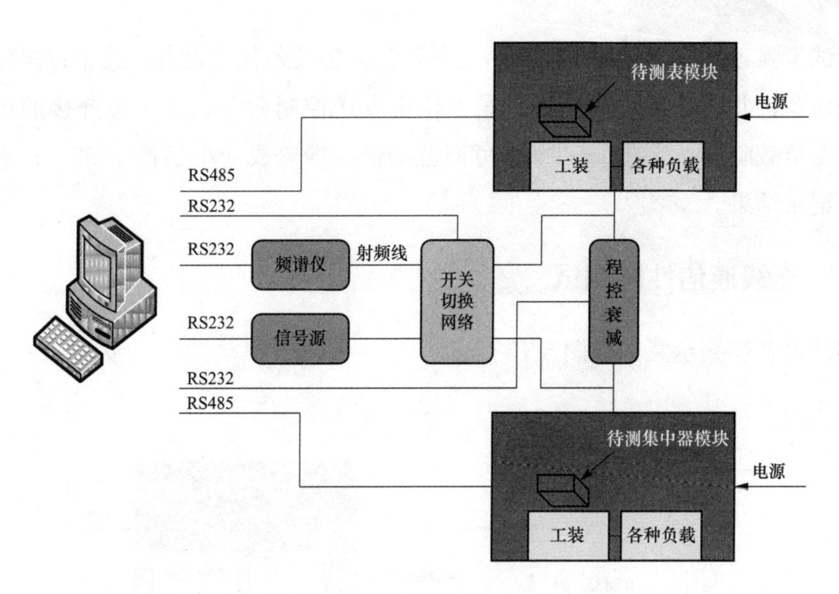

图 5-14 工作频段测试连接示意图

（2）发射功率谱密度测试。测试步骤：①按图 5-14 连接，上位机初始化频谱仪，上位机控制频谱仪 Meas 键选择“Channel Power”进入信号功率谱密度测试界面；②上位机设置频谱仪参数，设置监测频段，信号积分带宽为 100kHz；③上位机控制路由模块连续抄表，使待测电表模块处于连续收发状态；④最大保持后，上位机记录载波信号的发射功率谱密度，5min 内上位机自动记录十次数值，取平均值。

（3）点对点抗衰减性能。测试环境连接示意图如图 5-14 所示。

测试步骤：①打开上位机，初始化屏蔽箱工装及各仪器设备；②上位机发送连续抄表命令，并统计抄表成功率；③保证通信成功率不低于 99%，上位机发送控制命令控制程控衰减器，逐步增加衰减；④直到抄表成功率低于 99%，记录衰减值；⑤完成测试，记录结果。

（4）点对点抗白噪声干扰能力。测试环境连接示意图如图 5-15 所示。

测试步骤：①打开上位机，初始化屏蔽箱工装及各仪器设备；②上位机控制开关切换网络，将噪声信号源施加到待测模块，设置噪声信号源的扫频范围；③上位机发送连续抄表命令，并统计抄表成功率；④上位机发送控制命令给噪声信号源，逐步调节白噪声发射功率；⑤直到抄表成功率低于 99%，记录白噪声发射功率；⑥完成测试，记录结果。

（5）点对点抗阻抗变化能力。测试环境连接示意图如图 5-14 所示。

测试步骤：①打开上位机，初始化屏蔽箱工装及各仪器设备；②上位机发送连续抄表命令，并统计抄表成功率；③上位机发送控制命令设置工装连接的负载阻抗，改变负载阻值；④在 2～100Ω 可调范围内，抄表成功率不低于 99%；⑤完成测试，记录结果。

5.3.2 无线通信性能测试

测试设备连接示意图如图 5-15 所示。

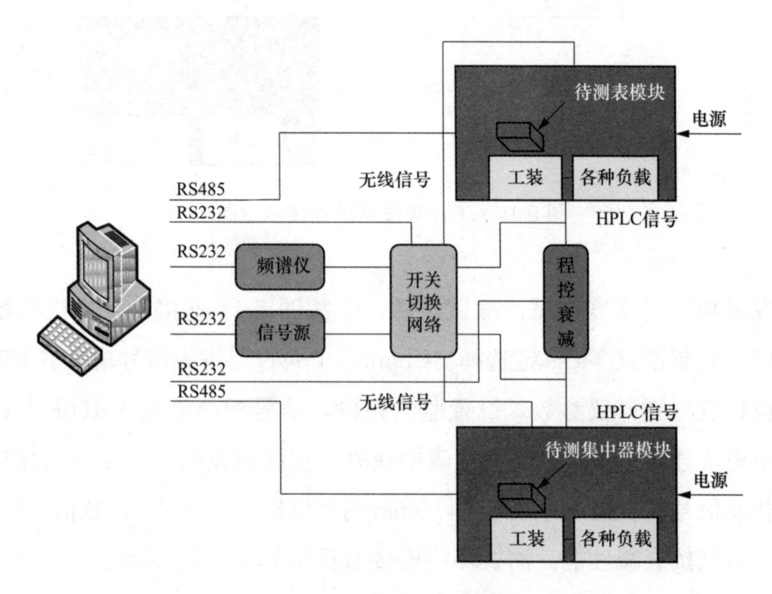

图 5-15 无线通信性能测试设备连接示意图

（1）无线发射功率。

测试步骤：①上位机初始化屏蔽箱工装及各仪器设备，设置频谱仪扫描接收频段；②上位机控制监控器通过串口向待测模块发送命令，控制模块发送 m_4 信号码流；③频谱仪接收到待测模块发出的信号，记录峰—峰值；④上位机读出频谱仪测量值，将 dBm 转化成 mW。

（2）数据传输频偏测试。

测试步骤：①上位机初始化屏蔽箱工装及各仪器设备，设置频谱仪扫描接收频段；②上位机控制监控器通过串口向待测模块发送命令，控制模块分别发送 m_1 和 m_2 信号码流；③频谱仪接收到待测模块发出的信号，分别记录峰—峰值 f_1 和 f_2；

④上位机读出频谱仪测量值，$f_0=(f_1-f_2)/2$。

（3）杂散辐射限值测试。

测试步骤：①上位机初始化屏蔽箱工装及各仪器设备，设置频谱仪扫描接收频段；②上位机控制监控器通过串口向待测模块发送命令，控制模块发送 m_4 信号码流；③频谱仪接收到待测模块发出的信号，在杂散测试频段记录峰—峰值，上位机读出频谱仪测量值；④频谱仪设置为 Start Frequency$=f_0+500$kHz，Stop Frequency$=f_0+5$MHz，读取峰值幅度和频率；⑤频谱仪中心频率分别设置为 Center Frequency$=2f_0$、$3f_0$、$4f_0$、$5f_0$，span＝10MHz；当 Center Frequency 不大于 1GHz 时，RBW＝100kHz，当 Center Frequency 大于 1GHz 时，RBW＝1MHz，分别读取峰值幅度和频率；⑥杂散测量结果为上述峰值幅度中的最大值加上路径损耗 TL_0，杂散 1GHz 以下小于－36dBm，1GHz 以上小于－30dBm 判定为合格。

（4）接收灵敏度。测试步骤：①上位机初始化屏蔽箱工装及各仪器设备，上位机设置信号源的发送频点和功率；②信号源在发射功率－95dBm 下发送抄表帧；③待测试通信模块收到仪器发送的抄表帧后，会把其中载荷数据的 DL/T 645 帧通过待测试模块的串口发送给电能表或上位机软件；④上位机软件根据对应 UART 接口接收到 DL/T 645 抄表帧的情况，逐步调小信号源发送功率；⑤再循环 2～3 步骤，直到完成信号源发送 20 次，待测模块成功接收次数少于 18 次，记录此时的信号源输出功率为接收灵敏度测试结果。

（5）可接受中心频率偏移。测试步骤：①上位机初始化工装及仪器设备，设置信号源发送频点 $f_0+\Delta f$ 和功率（－106dBm）；②待测试通信模块收到信号源发送的抄表帧后，向串口转发载荷域内容；③如果待测模块在此频点的接收成功率能够符合接收灵敏度测试要求，则上位机控制信号源继续修改发送频点，直至待测模块的接收成功率不符合接收灵敏度测试要求；记录此时的频偏值为可接受中心频率偏移。

（6）接收机抗邻道干扰抑制。测试步骤：①上位机初始化信号源 1，设置发送频点 f_0，设置发送功率为接收灵敏度 PS_0+3dB；②配置待测模块的工作频点 f_0；③上位机设置干扰信号源 2 发送频点 f_0+200kHz，设置发射功率为接收灵敏度 PS_0；④信号源发送 10 次抄表帧，待测模块接收失败测试不大于 2 次则信号源发送电平调整为 PS_0+27dB，即按照 1dB 递增，至 PS_0+45dB 终止测试；⑤假设在 PS_0+X_1dB 时待测模块接收失败大于 2 次，则记录 (X_1-1)dB 为 f_0+200kHz 的接收机抗邻道干扰抑制；⑥将信号源发送电平设置为 PS_0+26dB，信号源频率设置为 f_0-200kHz，按照第 2～3 步骤测试，记录（X_2-1）dB 为 f_0-200kHz 的接收机抗邻道干扰抑制；⑦取（X_1-1）和（X_2-1）中较小的记录为待测模块的接收机抗邻道干扰抑制测试结果，抗邻道干扰抑制不小于 31dB 判为合格。

5.3.3 功耗及协议一致性测试

功耗及协议一致性测试连接示意图如图 5-16 所示。

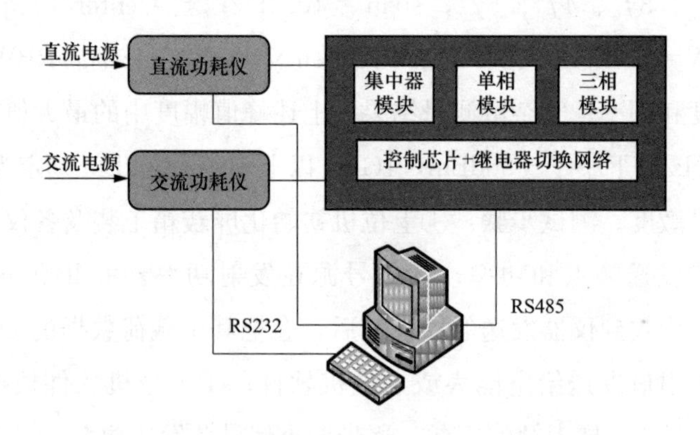

图 5-16 功耗及协议一致性测试连接示意图

5.3.4 静态功耗和动态功耗测试

直流功率计和交流功率计分别能准确测出所经过负载电路的电流和电压，直流功耗和交流功耗之和即为待测模块的总功耗。

测试步骤：①上位机初始化工装及交直流功耗仪；②上位机控制继电器切换网络，使得仅有一个待测模块连接到功耗仪的直流电源和交流电源；③上位机控制待测模块处于接收状态或通信状态，分别读取直流功耗和交流功耗；④直流功耗和交流功耗之和记录为相应状态的功耗测量值。

5.3.5 HPLC 协议一致性测试

测试连接示意图如图 5-17 所示。

测试步骤：①上位机初始化工装；②上位机控制继电器切换网络，给所有待测模块上电；③上位机通过测试工装分别于 CCO 和 STA 通信，按照协议帧逐条发送测试指令，自动测试完成之后输出测试结果；④合格判定，参照《低压电力线宽带载波通信互联互通技术规范》。

5.3.6 交换流程及互换性测试

（1）本地通信模块接口协议测试。

测试目的：验证集中器模块是否支持本地通信接口协议和相对应的应用功能。

测试方法：①将宽带载波路由模块连接到抄控器对应的接口，抄控器串口与PC机连接，将抄控器和测试电能表上电；②打开上位机界面，设置波特率为9600，选择偶校验，8位数据位和1位停止位，最后打开串口；③针对本地通信接口协议的各项应用功能，通过测试软件发送相应指令逐一测试。

（2）表端协议测试。测试方法：将表端模块放置于台体，搭建一对一的采集环境，通过上位机发送抄表报文，验证表端模块是否支持DL/T 645—2007协议及面向对象协议。

合格判定：被测模块应支持DL/T 645—2007协议及面向对象协议。

（3）互换性测试。测试方法：集中器低压双模通信模块应能与符合《计量自动化终端本地通信模块接口协议》要求的集中器相匹配，完成数据采集的各项功能，智能电能表低压双模模块应能与符合DL/T 645要求的智能电能表相匹配，完成数据采集功能。搭建标准用电采集系统，测试系统应能正常采集电能表数据，然后卸下标准通信模块，换上被测通信模块，系统运行5min后应能通过主站采集电能表数据。

合格判定：能成功采集电能表数据，并且数据准确即为合格。

5.3.7 组网测试

（1）双模模块的无线组网。无线组网测试连接示意图如图5-17所示。机柜3的三个屏蔽抽屉包含无线组网功能，每个抽屉放置多个双模从节点模块，通过机柜1中性能测试屏蔽箱的双模集中器模块发起组网，每个屏蔽抽屉的顶部包含一个耦合天线，双模模块的无线信号经耦合天线后通过射频电缆连接功分器和程控衰减器，与其他屏蔽抽屉进行通信。上位机可通过设置程控衰减器的衰减值，控制网络的拓扑和级数，最多可组成3～4级无线网络。

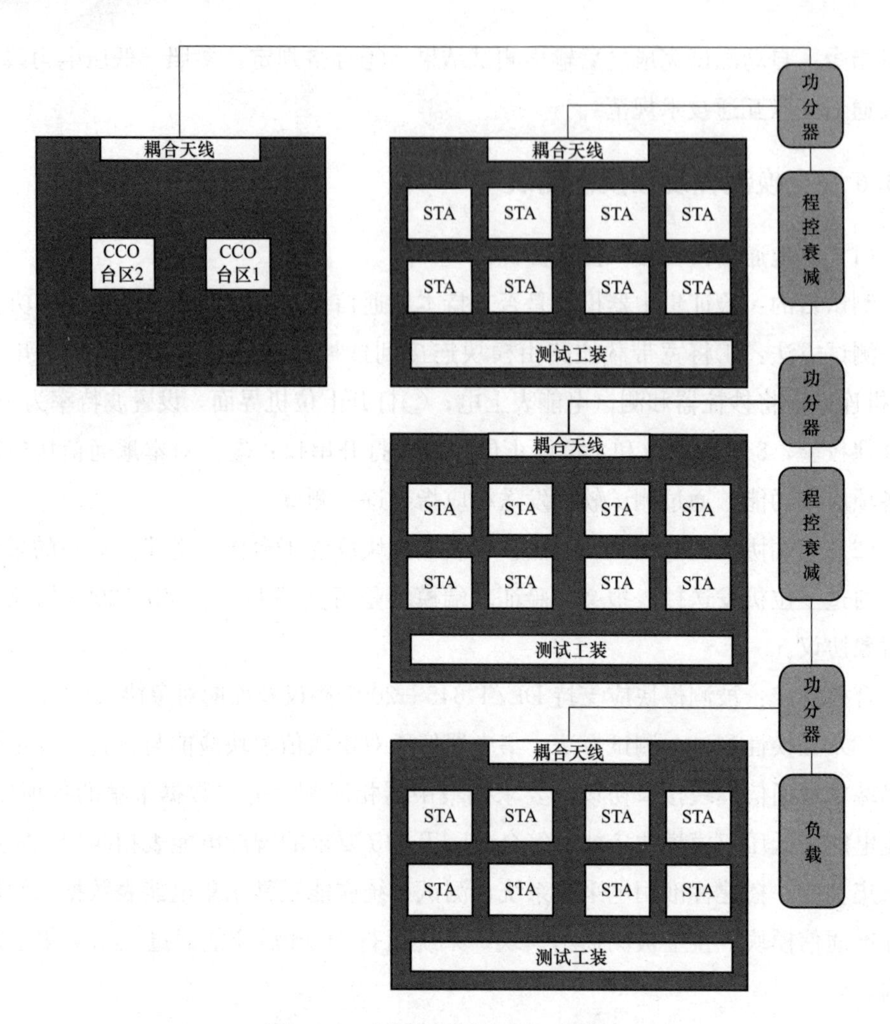

图 5-17　无线组网测试连接示意图

（2）双模模块的 HPLC 组网。HPLC 组网测试的屏蔽抽屉原理如图 5-18 所示，屏蔽抽屉包含一路 RS485 信号，用于上位机与测试工装的通信；一路直流电源，用于给待测模块直流供电。

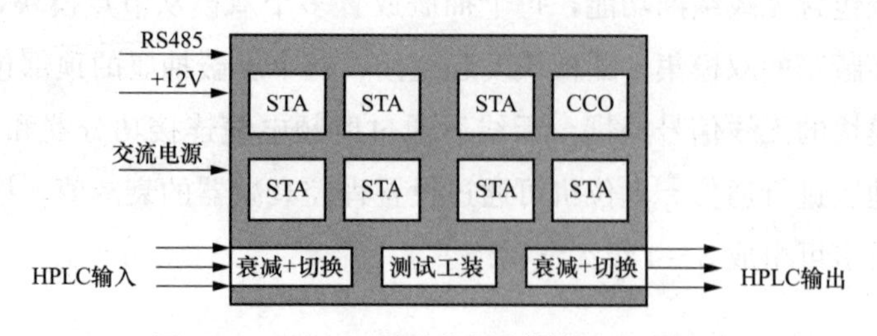

图 5-18　HPLC 组网测试屏蔽抽屉原理框图

屏蔽抽屉包含一路交流电源，用于给待测模块提供过零检测、停电上报、台区识别等，此交流电源在不同的机柜可分别连接台区 1 的 A、B、C 相或台区 2 的 A 相，可进行相位识别测试和台区识别测试。

屏蔽抽屉包含三个 HPLC 信号输入接口和三路 HPLC 信号输出接口，每个输入接口内部分别连接着一路 HPLC 信号程控衰减电路，内部通过切换开关连接耦合到待测模块。屏蔽抽屉的三路输入和三路输出通过射频电缆分别连接到不同的屏蔽抽屉，上位机通过控制每一路信号的衰减值，可选择本级屏蔽抽屉的上一级与谁连接，下一级与谁连接，从而自动组成若干种固定形状的链形拓扑、星形拓扑或者树形拓扑。

部分屏蔽抽屉内部预留了一个 CCO 插槽位置，可安装一个 CCO 模块，进行台区串扰测试。

（3）综合组网测试。将一定数量的单、三相模块、集中器模块搭建试验环境进行组网测试。

（4）日冻结采集测试。组网完成后，对被测集中器进行数据区初始化。试挂 8 天。每日 6 点之后通过被测集中器本地键盘及显示界面查询测量点自动抄表成功数并记录。最好是能从集中器导出日冻结数据，统计抄收时间和成功率。应至少 7 日（每日 6 点之前）定点抄表成功率达到 100%，平均抄表成功率不低于 99%。

（5）小时冻结测试。在组网完成的情况下，通过载波测试软件下发远程抄表命令：勾选所有节点→开始→超时设置 60s→补抄 3 次→冻结数据→定时冻结数据块→每 48min 成功率统计→确认，记录查看返回的数据，并记录抄读的成功率。抄表成功率不小于 99%。

（6）随抄采集测试。在组网完成的情况下，通过载波测试软件下发远程抄表命令：勾选所有电表→开始→循环抄表→超时设置 60s→勾选电压、电流、功率因数、正向有功总电能、日冻结正向有功总电能、冻结时间 6 个数据项→确认，查看返回的数据，并记录抄读的成功率。

测试轮抄后也可随时勾选并行抄表，进行数据的全采集测试，同时记录抄读成功率和每轮耗时。随抄平均抄表成功率不小于 98%。

注：循环抄表轮数可以自定义，启动开始抄表的时间也可以自定义。

（7）相位识别测试。集中器重启组网，利用软件不断刷新拓扑，记录各相节点数量，当相位识别率达到 98%时记录总耗时，相位识别的正确性要求 100%，即与实际相位保持一致。

第6章 宽带双模通信系统的应用

6.1 多模通信转换器产品

6.1.1 产品概述

多模通信转换器是基于HPLC通信技术，采用高性能的ARM硬件平台研制而成的一款通信产品。产品在软件上采用平台化设计方案，在硬件上优先选用国际一流的元器件。

通信转换器上行通道通过HPLC连接到台区集中器，下行通过路由模块连接电能表，完成集中器与电表之间的数据交换，从而实现各类电能表的电能采集功能。通信转换器不针对具体通信方案设计，适用于符合电能集抄相关标准的通信模块，均可与通信转换器适配，完成相应通信方案的电表数据采集。

产品具有易改造、节省运行成本、减少维护费用等特点，根据转换的通信方案情况，能满足低压采集中光伏、电采暖、工商业用户等重点用户日冻结数据、电流、电压、功率、功率因素等曲线数据的采集与控制的高实时性要求。同时可对原台区采集方案中漏采的表计进行补充采集，实现不改变原台区采集方案的情况，一个台区不同抄表模式同时运行互不影响，确保采集成功率，满足采集要求。

6.1.2 应用场景

低压集抄系统主要采用窄带载波、微功率无线、宽带载波等通信技术，不同通信技术由于物理层、应用层存在差异，导致无法互联互通。该产品用于解决同一台区下不同厂家、不同类型方案兼容问题。

主要应用场景如下：

（1）实现混装台区不同通信方案的互联互通。台区内的电能表通信模块存在多种通信方案，各通信方案不兼容，安装集抄通信转换器后可实现各方案数据的互联互通。

（2）支持同一台区下逐步实现通信方案升级和替换。例如，原台区通信方式为窄带，随着技术的进步，为满足全采集、全覆盖等要求，需要采用宽带、微功率无线等通信方案升级替代原窄带方案。在安装通信转换器后，逐步把整个台区升级转换为新的通信方案，达到投资保护的目的。

（3）台区负荷切割。台区因变压器负荷或线损等原因，台区间一条线路上多个电能表重新负荷切割到另一个台区，导致台区存在两种以上通信模块采集方案。安装通信转换器后可解决上述问题。

（4）重点用户高频采集。台区重点用户需要具备每小时或每 15min 数据监控功能，原台区内窄带或无线通信方案因速率或稳定性无法支持，通安装通信转换器并更换重点用户通信模块，实现重点用户数据监控。

6.1.3　产品组成

通信转换器产品是一套产品，包括替换路由模块及转换器本体两部分，实物图分别如图 6-1 所示。

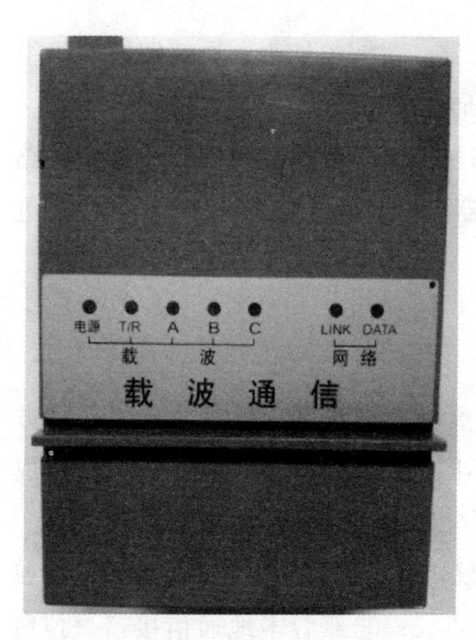

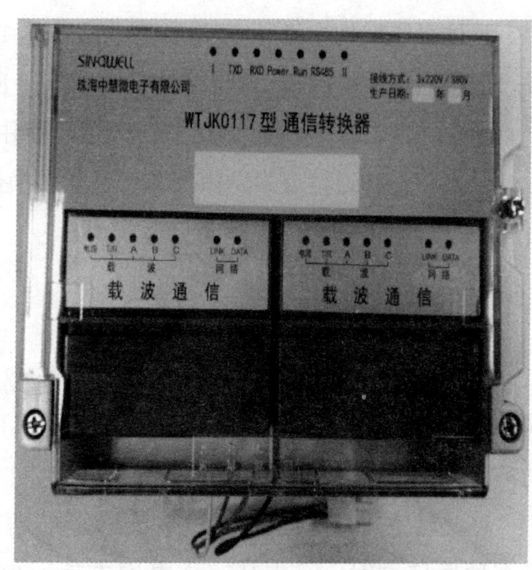

图 6-1　通信转换器

产品各部分分解如图 6-2 所示。

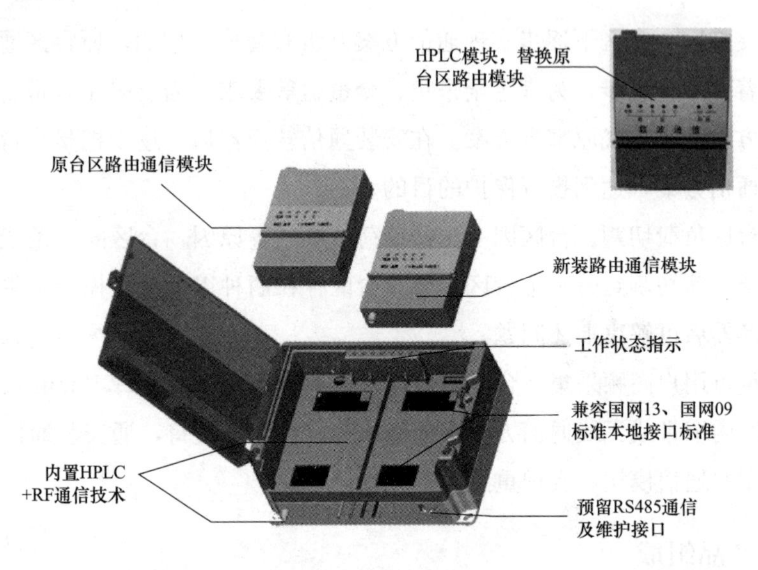

图 6-2　产品分解图

6.1.4　系统架构

整体系统架构主要由管理系统主站、集中器、载波电能表、通信转换器等组成，通过通信转换改造，其系统框图如图 6-3 所示。

通信转换器安装在原有集中器旁边，使用替换路由替换原台区集中器中的路由，分别将不同通信方案路由安装于通信转换器上。下行根据安装的通信模块，进行相应的通信方案通信。

6.1.5　产品特点

多模通信转换器产品采用 HPLC＋RF 双通信信道设计、可兼容多种通信方案，旨在解决低压集抄系统中的台区内多种不同通信方案兼容问题，提升集采成功率。

产品特点有以下几点：①在应用层进行协议转换，不受通信方案技术限制、兼容多种通信方案；②支持南方电网本地通信协议；③兼容本地通信接口、预留 RS485 通信接口；④支持 DL/T 645、DL/T 698.45；⑤施工安装操作方便；⑥采用 HPLC＋RF 双通道，高速通信、稳定可靠。

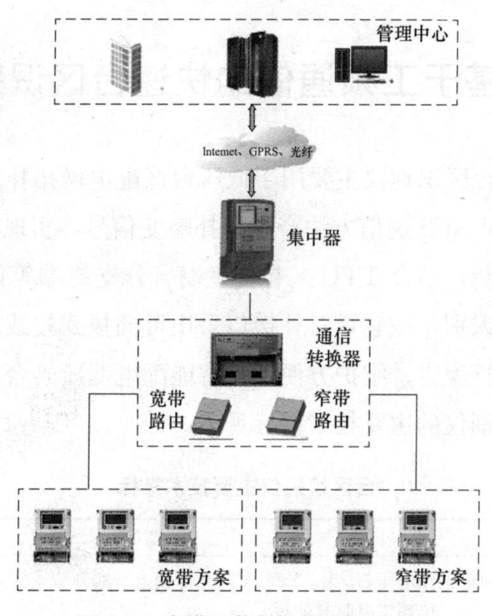

图 6-3　多模通信转换器系统框图

6.1.6　现场施工示意

通信转换器现场施工步骤为：①将原台区集中器上路由模块（图中 A 路由）取下；②将替换 HPLC 路由模块安装到原集中器上；③分别将原台区 A 路由模块及新增 B 路由模块安装在多模转换器中，如图 6-4 所示。

上述改造后，A 路由负责抄读 A 方案通信的电能表，B 路由负责抄读 B 方案的电能表，然后再通过转换器，将抄读到的数据发送到台区集中器。HPLC 通信模块可直接通过 HPLC 替换路由进行抄读。

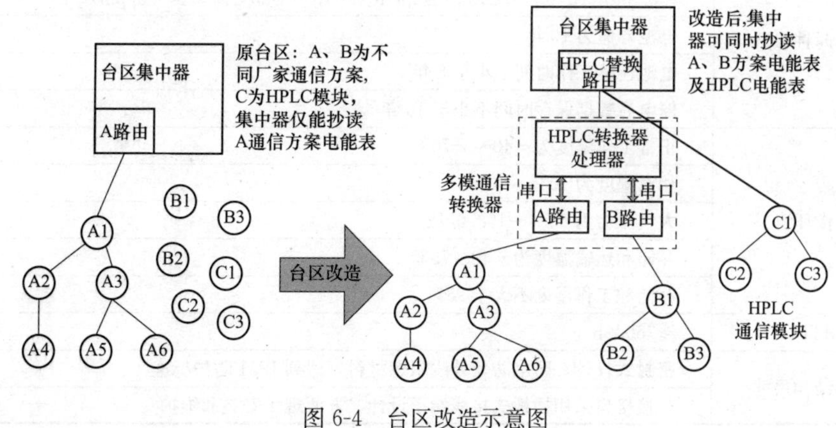

图 6-4　台区改造示意图

6.2 基于工频通信的快速台区识别方案

基于工频通信的台区识别仪主要用于低压台区配电网拓扑识别的装置。它的主要功能是基于工频 TWACS 通信方法产生拓扑畸变信号，实现对低压配电网台区线路—表箱归属关系判断，结合 TTU、末端终端、分支终端等设备，可实现整个台区变—线—户关系的识别。该装置对外接口采用可插拔式接线端子设计，方便现场安装且操作简单、运行稳定、维护方便，是智能配电变压器台区解决方案的最佳配套产品之一。台区识别仪的主要技术指标见表 6-1。

表 6-1　台区识别仪主要技术指标

项目	指标
工作电源	额定工作电压 U_n 为 3×220V，允许偏差−30%～+30%。 注意：单相供电时只能接 C 相。 额定频率为 50Hz，允许偏差−6%～+2%
	正常工作电压：0.9～1.1U_n
	极限工作电压：0.7～1.3U_n
整机功耗	在非通信状态下整机视在功率不大于 5VA，有功功率不大于 3W
通信规约	DL/T 645—2007《多功能电能表通信规约》 Q/GDW 11778—2017《面向对象的用电信息数据交换协议》 Q/CSG 1209.22—2019《计量自动化终端上行通信规约》
RS485 通信接口	具备 1 路 RS485 接口，用于与 TTU 或分支终端通信
本地端口	1 路调制红外接口、2 路 USB 升级口、1 路 RS232 维护口
升级	具备远程升级和 USB 接口本地升级
存储容量	32MB FLASH
RTC 时钟参数	时钟准确度（日误差）： ≤0.5s/d（0～+40℃时，±2ppm。−40～+85℃时，±3.5ppm）
	电池寿命为 10 年
	电池连续工作时间不小于 5 年
	停电后数据保存时间不小于 10 年
工作环境	正常工作温度为−40～+70℃
	相对湿度为 10%～100%
	大气压力为 63.0～108.0kPa
	存储和运输温度为−40～75℃
	存储和工作湿度不大于 95%
MTBF	≥76000h
外形结构尺寸	密封式设计，防水防紫外线阻燃材料，达到 IP51 防护标准
	外接接口采用插板式接线端子设计，方便现场安装和维护

6.3 双模通信技术的具体应用方案

6.3.1 试点台区概况

试点选择××小区，该小区建于2005年，有楼房94栋，居住1206户，小区环境为城市小高层居民住宅区。该小区由两台相距20m的变压器供电。该小区安装单相电能表1729户，三相表35户，集中器2台。其中单相电能表为深圳科陆DDSK719-Z单相电能表，生产日期2018年。集中器为深圳科陆公司的CL760配电变压器终端，生产日期2012年9月。当前集抄通信为鼎信公司的窄带载波通信方式。详细的台区信息统计数据见表6-2。小区及环境示意图如图6-2、图6-3所示。

表6-2　××小区台区信息统计

序号	台区名称	终端地址	终端型号	版本	载波方案	户表数量	成功数	抄表失败	成功率	车库电能表未入系统	需配置单相表	需配置三相表	备注
1	××小区1号	53350506	科陆818C	v010	鼎信	825	792	33	96.0%	30	840	15	故障更换或业扩新增
2	××小区2号	53350507	科陆818C	v010	鼎信	869	823	46	94.7%	40	889	20	单相10只，三相5只
合计											1729	35	单相10只，三相5只

表6-3　线损情况统计

对象名称	线损对象类型	统计周期	数据时间	供入电量(kW·h)	供出电量(kW·h)	损失电量(kW·h)	线损率(%)
××小区1号专用变压器	分台区对象	日	2019-09-17	2181.36	3025.9	−844.54	−38.72
××小区2号专用变压器	分台区对象	日	2019-09-17	2264.5	2909.21	−644.71	−28.47

台区现场实际环境如图6-5、图6-6所示。

图 6-5　××小区示意图

图 6-6　××小区现场环境示意图

该小区用电信息采集系统有如下问题：①户变关系不清晰，台区线损异常；②该小区属公务员小区，收费不积极，需停电催费，拉合闸功能因下行通道问题，成功率不高，经常出现拉闸后不能合闸，引起客户投诉事件增多。

期望解决问题：①清理出实际户变关系，清理出户表所在相位，能够实现分相线损计算，能准确定位为线损异常相，具有针对性、准确性解决线损异常问题；②提高抄表成功率，提高电子化结算率，降低人为干预，确保依法经营，降低抄表安全风险；③解决易拉难合问题，降低客户投诉事件；④能够实现表号自动上报，为下一步电能表基础资料核实打下基础。

另外，其他小区由于历史缘由，存在一个台区有多种厂家窄带电力线载波混装的情况，导致通信成功率不高，期望通过本项目的多模通信融合技术，低成本解决通信混装问题。

6.3.2 试点方案

试点所需的双模通信模块等设备由珠海中慧微电子有限公司提供，针对小区现场的实际情况，提出以下试点方案：

（1）将小区现有的窄带载波抄表方案更换为中慧 HPLC＋470M 无线的双模通信方案，利用双模通信的优势提高抄表成功率，实现 100％的电能信息数据快速采集，解决原台区抄表成功率不高的问题。

（2）利用 HPLC＋470M 无线双模通信模块高速率的特点，实现实时采集远程费控，解决用户缴费后及时复电的问题。

（3）利用 HPLC＋470M 无线双模通信模块的自动搜表功能，实现表号自动上报，完善台区的电能表基础资料信息。

（4）利用 HPLC＋470M 无线双模通信模块的相位识别功能识别出单相居民表所安装的相位信息，精细化管理到每一个台变相位、分相线损。

（5）将双模通信与工频通信技术融合，在现场安装基于工频 TWACS 通信方法的台区识别仪，同时结合双模模块的大数据分析，快速进行台区识别，理清用户电能表、计量节点与台区配电变压器的隶属关系，确定档案的正确性，提升现场运维问题定位的效率，为台区线损分析奠定基础。

（6）在现场安装中慧的多模通信转换器产品，解决多种厂家窄带电力线载波混装的情况，导致通信成功率不高的问题。

6.3.3 试点设备情况

试点所用到的设备包括宽带载波＋无线双模通信模块、多模转换器、台区识别仪，以及现场综合分析仪等调试工具，具体的设备清单见表 6-4。

表 6-4　　试点设备清单

序号	设备名称	设备数量	备注
1	宽带+无线双模通信模块	1800 个	含单相模块、三相模块
2	多模转换器	2 台	
3	台区识别仪	2 台	
4	现场综合分析仪	1 套	

由技术人员对 1800 个现场通信模块进行安装后，再对现场台区进行现场基本通信链路的调试，并保证每个台区的日冻结抄表成功率连续 2 天达到有效表计 100%的运行效果。

基本链路调试完毕之后，进行每日抄表成功率统计监控、台区识别测试，远程实时费控测试，同时在多种通信方案并存的环境下进行多模通信转换器产品的安装和测试。试挂结束后，将监控和测试收集到的数据进行分析和高级应用。

6.4　双模通信系统的应用案例

6.4.1　应用台区简介

(1) 1 号台区。1 号台区为典型的城中村老旧台区，杆上变压器、架空铝线及电缆、户表相对分散，临街商铺较多，电能表均为老旧版的且电能表厂家比较多。台区内共有 241 只电能表，其中老旧版单相电能表 227 只、老旧版三相电能表 13 只、1 只台区总表（RS485）。台区原为窄带载波台区，仅考核日冻结数据。

该台区试点方案是在没有更换电能表的条件下直接采用更换 HPLC 双模通信模块方式进行。240 块电能表全部更换。当日可稳定完成相应集采任务，15min 完成多个数据项的全部采集，采集成功率 100%。

台区现场环境如图 6-7 所示。

(2) 2 号台区。2 号台区为典型的新建高层住宅台区，箱式变压器、地埋线电缆走线规范，每隔两层电井集中安装，电能表均为南方电网 13 标准规范。台区内共有电能表 193 只，其中单相电能表 191 只、三相电能表 1 只、台区总表 1 只。台区原为窄带载波通信方案台区，仅进行日冻结数据抄读。

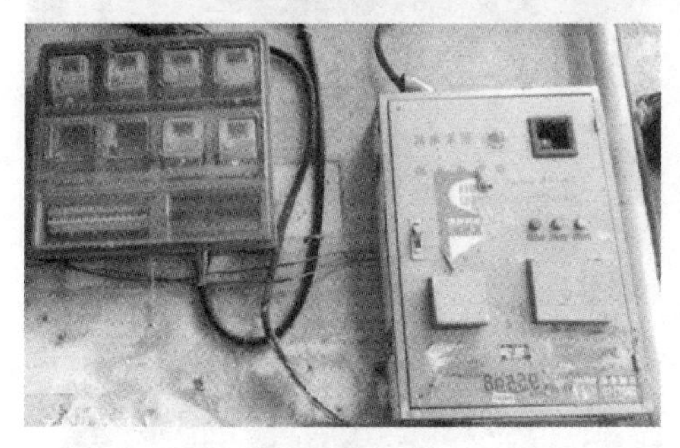

图 6-7　1 号台区现场环境图

本台区采用更换为 HPLC 双模通信模块方式进行。当日更换后，各项采集任务均正常执行，12min 完成多个数据项的全部采集，采集成功率达 100%。

台区现场环境如图 6-8 所示。

6.4.2　运行观察内容

运行观察主要分为两个部分：①验证基本业务提升；②验证各项深化应用功能实现，包括高密度采集、台区网络拓扑自动识别、台区相位识别分析、低压用户全量采集、精准校时、停复电事件实时上报和 ID 地址实现资产管理。

（1）基本业务提升测试验证。传统的电能采集系统，由于主要受限于台区内通信技术的低速率（如窄带载波），仅能满足用于结算电费的日冻结电能量抄读。而新型 HPLC 双模通信技术以其高速通信能力及可靠性，给传统采集系统业务带来质的飞跃，主要从以下两点可以表现：

图 6-8　2 号台区现场环境图

1）采集效率大大提高。采集效率的提升主要表现在两个方面：①日冻结数据采集时间大大缩短；②实时抄表速度更快。

从图 6-9、图 6-10 中数据可看出，全台区日冻结抄读完成时间在 15min 左右，采集性能大大提升，使得采集系统可以有余量可以扩展更高级别应用功能。

序号	供电单位	抄表日期	抄表时间	正向有功总	正向有功尖	正向有功峰	正向有功平	正向有功谷	反向有功总
1	1#供电服务站	2020/4/7	2020/4/8 00:21:00	0.23	0	0.23	0	0	-
2	1#供电服务站	2020/4/7	2020/4/8 00:20:00	42586.08	6257	16102.26	11903.7	8323.12	-
3	1#供电服务站	2020/4/7	2020/4/8 00:23:00	2614.98	454.15	886.36	935.54	338.91	-
4	1#供电服务站	2020/4/7	2020/4/8 00:17:00	3566.54	621.26	1315.92	972.4	656.95	-
5	1#供电服务站	2020/4/7	2020/4/8 00:17:00	51992.68	10036.87	15138.7	14213.51	12603.58	
6	1#供电服务站	2020/4/7	2020/4/8 00:18:00	16080.29	2180.11	4053.03	3768.53	6078.62	-
7	1#供电服务站	2020/4/7	2020/4/8 00:18:00	106145.52	18654.33	39514.77	33769.02	14207.37	-
8	1#供电服务站	2020/4/7	2020/4/8 00:18:00	142807.75	31768.65	57468.39	44713.83	8856.87	-
9	1#供电服务站	2020/4/7	2020/4/8 00:22:00	285322.53	54355.57	86922.65	75759.29	68285	-
10	1#供电服务站	2020/4/7	2020/4/8 00:24:00	93910.38	16197.29	33377.19	28095.46	16240.43	-
11	1#供电服务站	2020/4/7	2020/4/8 00:20:00	77280.27	10526.8	35742.79	22881.48	8129.17	-
12	1#供电服务站	2020/4/7	2020/4/8 00:16:00	115416.23	19399.91	40023.33	32389.39	23603.57	-
13	1#供电服务站	2020/4/7	2020/4/8 00:23:00	32719.03	7225.99	10341.13	9106.42	6045.46	-
14	1#供电服务站	2020/4/7	2020/4/8 00:16:00	311638.58	54190.18	92058.37	79354.41	86035.6	-
15	1#供电服务站	2020/4/7	2020/4/8 00:16:00	24374.66	4550.61	11093.21	7149.41	1581.43	-
16	1#供电服务站	2020/4/7	2020/4/8 00:18:00	16884.22	3216.33	4755.03	4799.45	4113.41	-
17	1#供电服务站	2020/4/7	2020/4/8 00:20:00	61727.03	11370.3	20992.76	18211.46	11152.49	-
18	1#供电服务站	2020/4/7	2020/4/8 00:23:00	0	0	0	0	0	-
19	1#供电服务站	2020/4/7	2020/4/8 00:16:00	7258.26	1455.36	2191.96	1873.05	1737.89	-
20	1#供电服务站	2020/4/7	2020/4/8 00:17:00	12308.22	2970.7	3947.76	3309.42	2030.34	-
21	1#供电服务站	2020/4/7	2020/4/8 00:18:00	6924.41	929.31	2077.68	1887.92	2029.5	-
22	1#供电服务站	2020/4/7	2020/4/8 00:21:00	17725.84	2860.7	4218.65	4346.66	6299.83	-
23	1#供电服务站	2020/4/7	2020/4/8 00:16:00	15640.34	3157.88	4350.97	4217.14	3914.35	-

图 6-9　1 号台区日冻结数据

序号	供电单位	抄表日期	抄表时间	正向有功总	正向有功尖	正向有功峰	正向有功平	正向有功谷	反向有功
1	2#供电服务站	2020/4/7	2020/4/8 00:15:30	432.61	78.02	151.41	123.2	79.95	0.4
2	2#供电服务站	2020/4/7	2020/4/8 00:16:32	0	0	0	0	0	
3	2#供电服务站	2020/4/7	2020/4/8 00:16:34	0	0	0	0	0	-
4	2#供电服务站	2020/4/7	2020/4/8 00:16:44	690.12	278.58	581.94	525.2	304.39	-
5	2#供电服务站	2020/4/7	2020/4/8 00:16:46	90.75	6.97	48.51	28.07	7.18	-
6	2#供电服务站	2020/4/7	2020/4/8 00:16:48	57.74	8.91	86.39	53.87	8.55	-
7	2#供电服务站	2020/4/7	2020/4/8 00:16:50	0	0	0	0	0	-
8	2#供电服务站	2020/4/7	2020/4/8 00:16:52	877.32	308.09	598.91	490.05	480.26	-
9	2#供电服务站	2020/4/7	2020/4/8 00:16:54	0	0	0	0	0	-
10	2#供电服务站	2020/4/7	2020/4/8 00:16:57	683.33	63.82	171.22	118.64	29.64	-
11	2#供电服务站	2020/4/7	2020/4/8 00:16:59	1	0	6.97	4.03	0	-
12	2#供电服务站	2020/4/7	2020/4/8 00:17:01	0	0	0	0	0	-
13	2#供电服务站	2020/4/7	2020/4/8 00:17:03	0	0	0	0	0	-
14	2#供电服务站	2020/4/7	2020/4/8 00:17:05	697.71	163.83	316	268.95	148.9	-
15	2#供电服务站	2020/4/7	2020/4/8 00:17:07	648.05	245.64	253.95	214.85	133.6	-
16	2#供电服务站	2020/4/7	2020/4/8 00:17:09	6.1	0.07	6.12	1.66	0.24	-
17	2#供电服务站	2020/4/7	2020/4/8 00:17:11	64.47	5.04	33.1	15.35	0.97	-
18	2#供电服务站	2020/4/7	2020/4/8 00:17:13	0	0	0	0	0	-
19	2#供电服务站	2020/4/7	2020/4/8 00:17:15	4.8	0.5	9.12	4.94	0.23	-
20	2#供电服务站	2020/4/7	2020/4/8 00:35:15	210.99	22.78	97.85	62.43	27.91	-
21	2#供电服务站	2020/4/7	2020/4/8 00:17:17	2241.45	728.48	508.21	567.96	436.78	-
22	2#供电服务站	2020/4/7	2020/4/8 00:17:19	698.19	188.52	315.53	299.52	94.8	-
23	2#供电服务站	2020/4/7	2020/4/8 00:17:21	429.94	47.78	169.27	147.75	64.24	-
24	2#供电服务站	2020/4/7	2020/4/8 00:17:23	5.91	0	12.74	3.17	0	-

图 6-10　2 号台区日冻结数据

从图 6-11 中可看出，从主站系统上操作，对 1 号台区，选取全部 241 只电能表，进行实时数据（电压、电流、功率）预抄测试，整体耗时仅 51s。

任务执行时间	50.45秒	执行结果	执行成功	成功数	723	失败数	0
数据项名称	当前电压						
测量点序号	2	电表序号	2	电表通信地址	000001794892		
表计资产号	4330001000000001794892	用户编号	1521746200	用户名称	**2#		
终端抄表时间	2020/4/8 11:49:00	相序	当前电压				
		A	230.20				
		B	230.40				
		C	229.10				
数据项名称	当前电流						
测量点序号	2	电表序号	2	电表通信地址	000001794892		
表计资产号	4330001000000001794892	用户编号	1521746200	用户名称	**2#		
终端抄表时间	2020/4/8 11:49:00	相序	当前电流				
		A	0.58				
		B	0.98				
		C	1.07				
		零	0.57				
数据项名称	实时功率						
测量点序号	2	电表序号	2	电表通信地址	000001794892		
表计资产号	4330001000000001794892	用户编号	1521746200	用户名称	**2#		
终端抄表时间	2020/4/8 11:49:00	相序	属性	当前功率			
		总	正向有功	0.59			
		A	正向有功	0.13			
		B	正向有功	0.23			
		C	正向有功	0.23			
		总	正向无功	0.07			
		A	正向无功	0.02			
		B	正向无功	0.03			
		C	正向无功	0.02			

图 6-11　1 号台区全台区实时数据预抄

从图 6-12 中可看出，对 1 号台区，选取了 10 只电能表的电压、电流、功率、功率因数、电能表时钟 5 个数据项进行实时数据直抄，平均每块电表抄表时长约 3s。

任务执行时间	3.00秒	执行结果	执行成功	成功数	1	失败数	0
数据项名称	电表时钟						
测量点序号	16	电表序号	16	电表通信地址	010000087213		
表计资产号	43405010000087213	用户编号	1548186951	用户名称			
电表时钟	2020/4/8 11:57:53						
终端抄读时间	-						
任务执行时间	5.15秒	执行结果	执行成功	成功数	1	失败数	0
数据项名称	电表时钟						
测量点序号	14	电表序号	14	电表通信地址	000022158198		
表计资产号	4330001000000022158198	用户编号	1561634983	用户名称			
电表时钟	2020/4/8 11:57:57						
终端抄读时间	-						
任务执行时间	4.90秒	执行结果	执行成功	成功数	4	失败数	0
数据项名称	当前电压						
测量点序号	16	电表序号	16	电表通信地址	010000087213		
表计资产号	43405010000087213	用户编号	1548186951	用户名称			
终端抄表时间	2020/4/8 11:59:12	相序	当前电压				
		A	230.80				
数据项名称	当前电压						
测量点序号	16	电表序号	16	电表通信地址	010000087213		
表计资产号	43405010000087213	用户编号	1548186951	用户名称			
终端抄表时间	2020/4/8 11:59:12	相序	当前电流				
		A	5.32				
		零	0.00				

图 6-12　1 号台区全台区实时数据直抄

2）费控可靠性更高。由于不便直接对户表进行跳闸操作，故使用下发合闸命令进行费控功能测试。

图 6-13 显示合闸命令累计操作了 10 次，均全部成功，成功率 100%，平均每次合闸操作仅耗时 5s。

任务执行时间	5.42秒	执行结果	执行成功	成功数	1	失败数	0
数据项名称	遥控						
测量点序号	11	电表序号	11	电表通信地址	000000326117		
表计资产号	4330001000000000326117	用户编号	1526526034	用户名称	****管理所		
			下发成功				

图 6-13　费控合闸测试

（2）深化应用功能测试验证。HPLC 双模通信技术，由于工作频段较宽、通信速率高、抗干扰性强、通信稳定，可承载更多高级应用功能，包括低压用户全量采集、台区网络拓扑自动识别、台区相位识别分析、停复电事件实时上报和 ID 地址实现资产管理。

1）全量数据采集测试。分别选取电能表的实时数据及日数据项在主站进行批量召测，测试结果如图 6-14、图 6-15 所示。

任务执行时间	201.79秒	执行结果	执行成功	成功数	24	失败数	0
数据项名称	电表运行状态						
测量点序号	12	电表序号	12	电表通信地址	010000202165		
表计资产号	43405010000202165	用户编号	1549096022	用户名称			
终端抄表时间	2020/4/8 10:02:00	电表时间	2020/4/8 10:02:39	日运行时间累计值	-		
月运行时间累计值	-	最近编程时间	-	最近最大需量清零时间	-		
编程次数	0	最大需量清零次数	-	电池运行时间(min)	-		
电池状态	-	电源状态	-	电表错误代码	-		

图 6-14　1 号台区全量数据采集（实时数据）

任务执行时间	30.08秒	执行结果	执行成功	成功数	25	失败数	0
数据项名称	停电记录						
测量点序号	10	电表序号	10	电表通信地址	000002603752		
表计资产号	4330001000000002603752	用户编号	1556603497	用户名称			
停电累计次数	41						
起始时间、日期	2019/12/5 08:31:00			结束时间、日期	2019/12/5 10:46:00		
起始时间、日期	2019/11/1 15:36:00			结束时间、日期	2019/11/1 15:41:00		
起始时间、日期	2019/8/7 06:04:00			结束时间、日期	2019/8/7 06:28:00		
起始时间、日期	2019/7/28 02:48:00			结束时间、日期	2019/7/28 05:50:00		
起始时间、日期	2019/7/23 22:10:00			结束时间、日期	2019/7/23 23:01:00		

图 6-15　1 号台区全量数据采集（日数据）

图中数据可以看出，HPLC 所能支持的数据项非常多，几乎电能表所有数据均可进行采集且批量抄读速度很快，平均抄表时间不到 1s。

2）24 点曲线数据采集测试。在主站系统进行曲线数据抄读任务的设置并下发到集中器，之后再在系统中查询曲线数据抄读情况，数据如图 6-16、图 6-17 所示。可以看出，台区电压、电流曲线数据抄读良好。

序号	供电单位	数据日期	相序	点数	0时	1时	2时	3时	4时	5时	6时	7时	8时	9时	10时	11时
1	1#供电服务站	2020/4/7	A相	24	232	233.4	233.6	233.9	233	233.3	231.9	226.8	229.3	225	221.9	226.1
2	1#供电服务站	2020/4/7	A相	24	231.6	231.1	233.2	231.9	232.6	232.9	231.8	226.8	222.2	227.1	227.8	226.5
3	1#供电服务站	2020/4/7	A相	24	228.9	228.7	230.4	231.1	232.3	231.5	230.1	227.4	223.6	222.7	217.3	216.9
4	1#供电服务站	2020/4/7	A相	24	228.9	229.1	230.4	230.5	232.5	230.8	230	227.8	223.7	223.5	220.2	219.2
5	1#供电服务站	2020/4/7	A相	24	228.4	228.8	230.6	230.4	232.8	231.7	230.9	226.3	216.2	221.9	221	221.3
6	1#供电服务站	2020/4/7	A相	24	227.4	229.2	228.6	230.4	232.8	231.7	230.8	226.5	219.7	219.1	219.1	223.3
7	1#供电服务站	2020/4/7	A相	24	231.7	231.4	233.2	232	232.6	233.4	231.3	226.0	223.6	227.7	229.3	226.5
8	1#供电服务站	2020/4/7	A相	24	233	233.8	234.4	233.8	233.7	234.4	232.5	227.6	227.9	227	226.5	226.4
9	1#供电服务站	2020/4/7	A相	24	231.2	230.9	232.3	232.5	233.7	232.5	231.7	228.8	223.6	226.9	225.9	224.9
10	1#供电服务站	2020/4/7	A相	24	231.8	230.9	231.9	232.3	233.4	232.4	231.9	230.2	226.7	226.9	224.4	225
11	1#供电服务站	2020/4/7	A相	24	232.3	234.1	234.1	234	233.7	234.4	232.8	226.6	228.7	226.1	225	227.1
12	1#供电服务站	2020/4/7	A相	24	232.8	232.4	232.7	234	233.2	233.8	231.7	226.8	227.4	228.7	226.4	227.9
13	1#供电服务站	2020/4/7	A相	24	230.9	230.8	232.3	232.4	233.6	232.6	231.3	228.6	223.7	226.9	226	224.8
14	1#供电服务站	2020/4/7	A相	24	232.2	232.5	232.6	233.8	233	233.6	231.9	227.6	227.1	227.9	226.2	227.7
15	1#供电服务站	2020/4/7	A相	24	232.6	231.9	232.8	233.8	233.3	233.7	231.6	226.4	227.3	228.6	226.6	228.6
16	1#供电服务站	2020/4/7	A相	24	231	230.8	231.5	232.6	233.4	232	231.3	229	226.8	226.5	226	223.9
17	1#供电服务站	2020/4/7	A相	24	233	233.6	234.3	233.8	233.4	234.3	232.5	227.8	227.5	226.8	226.5	226.2
18	1#供电服务站	2020/4/7	A相	24	230.4	231	231.4	232.3	233.5	232.3	231.4	228.6	224.5	224.8	225.3	225.3
19	1#供电服务站	2020/4/7	A相	24	231.8	230.7	231.9	232.4	233.3	232.1	231.7	230.3	226.6	227	224.1	224.8
20	1#供电服务站	2020/4/7	A相	24	232.3	232.1	232.7	233.8	233.1	233.6	231.5	226.0	227.2	229.1	226.6	228.8
21	1#供电服务站	2020/4/7	A相	24	232.1	234.3	234.2	234.2	233.7	234.5	233.5	226.5	229	226.3	224.8	227.5
22	1#供电服务站	2020/4/7	A相	24	228.2	229.2	229.6	230.7	233	231.4	230.3	228.1	222.9	224.9	221.7	219.5
23	1#供电服务站	2020/4/7	A相	24	227.2	228.8	230.4	230.7	232.4	231.7	230.3	228	220.3	223.3	218.3	217.2
24	1#供电服务站	2020/4/7	A相	24	231.9	232.6	232.6	233.1	233.5	233.5	231.7	225.8	222.8	227.9	227.5	229.2

图 6-16　1 号台区户表电压曲线数据

序号	供电单位	数据日期	相序	点数	0时	1时	2时	3时	4时	5时	6时	7时	8时	9时	10时	11时
1	1#供电服务站	2020/4/7	A相	24	0	0	0	0	0	0	0	0	0	0	0	0
2	1#供电服务站	2020/4/7	A相	24	1.044	1.219	0.976	0.969	0.991	1.075	1.016	1.306	1.078	1.101	1.025	1.282
3	1#供电服务站	2020/4/7	A相	24	0.547	0.646	9.84	0.9	0.552	0.541	0.88	0.409	0.697	4.241	1.478	3.551
4	1#供电服务站	2020/4/7	A相	24	0.123	0.121	0.119	0.121	0.311	0.344	0.119	0.122	0.122	0.324	0.329	0.119
5	1#供电服务站	2020/4/7	A相	24	0.349	4.259	0.161	0.349	0.158	0.865	0.159	0.349	0.354	0.358	0.357	0.16
6	1#供电服务站	2020/4/7	A相	24	0.917	0.333	0.333	0.59	0.624	0.044	0.044	0.578	2.18	0.618	4.326	0.882
7	1#供电服务站	2020/4/7	A相	24	0	0	0.523	0	0.527	0	0.522	0	0.492	0	0	0
8	1#供电服务站	2020/4/7	A相	24	0.105	0.378	0.104	0.104	0.103	0.104	0.382	0.014	0.377	0.106	0.521	2.323
9	1#供电服务站	2020/4/7	A相	24	1.402	0.14	0.14	0.14	0.141	0.139	0.28	0.294	0.327	2.42	0.929	0.793
10	1#供电服务站	2020/4/7	A相	24	0	0.282	0	0.307	0	0	0.27	0	0.28	0	0	0
11	1#供电服务站	2020/4/7	A相	24	0.413	0.634	0.581	0.576	0.639	0.497	0.416	0.468	0.171	2.775	0.158	0.188
12	1#供电服务站	2020/4/7	A相	24	0.196	0.163	0.154	0.438	0.153	0.088	0.395	2.73	0.696	0.725	0.606	2.114
13	1#供电服务站	2020/4/7	A相	24	0.724	0.714	0.41	0.413	0.415	0.719	0.271	0.129	0.453	0.409	0.386	0.586
14	1#供电服务站	2020/4/7	A相	24	0.029	0.029	0.029	0.358	0.029	0.029	0.029	0.383	0.021	1.63	0.347	1.221
15	1#供电服务站	2020/4/7	A相	24	0.403	0.434	0.416	0.216	0.554	0.727	0.548	0.716	0.876	0.784	0.43	0.486
16	1#供电服务站	2020/4/7	A相	24	0.107	0.096	0.094	0.441	0.092	0.093	0.093	7.681	0.094	0.094	0.096	1.177
17	1#供电服务站	2020/4/7	A相	24	0.091	0.086	0.085	0.086	0.087	0.323	0.086	0.088	0.088	0.088	0.089	0.323
18	1#供电服务站	2020/4/7	A相	24	0.597	0.092	0.092	0.091	0.091	0.091	0.091	0.122	0.586	0.575	0.704	0.105
19	1#供电服务站	2020/4/7	A相	24	0.527	0.818	0.826	1.133	0.835	0.827	0.827	1.078	0.966	1.378	0.838	0.808
20	1#供电服务站	2020/4/7	A相	24	0.124	0.121	0.12	0.121	0.405	0.386	0.378	0.376	0.118	0.117	0.073	0.071
21	1#供电服务站	2020/4/7	A相	24	0.592	1.159	1.174	0.549	0.551	1.144	0.917	0.62	0.306	0.466	0.556	2.547
22	1#供电服务站	2020/4/7	A相	24	0.095	0.075	0.089	0.589	0.53	0.057	0.079	0.684	0.581	0.534	0.091	2.772
23	1#供电服务站	2020/4/7	A相	24	0.062	0.063	0.061	0.063	0.065	0.059	0.071	0.057	0.059	0.059	0.062	0.062

图 6-17　1 号台区户表电流曲线数据

3）台区网络拓扑自动识别。台区网络拓扑反映了 HPLC 组网情况，在主站系统进行网络拓扑信息召测，其查询数据如图 6-18、图 6-19 所示。

任务执行时间	11.50秒	执行结果	执行成功	成功数	1	失败数	0
数据项名称	查询网络拓扑信息						
终端地址	4323000032363						

节点地址	节点标识	代理节点标识	节点层级	节点角色
432300032363	1	0	0	主节点（CCO）
707601230000	2	1	1	末梢节点（STA）
201201240000	3	1	1	末梢节点（STA）
981202230000	4	1	1	末梢节点（STA）
248602230000	5	1	1	末梢节点（STA）
667601230000	6	1	1	末梢节点（STA）
092600230000	7	1	1	末梢节点（STA）
591001240000	8	1	1	末梢节点（STA）
201101240000	9	1	1	末梢节点（STA）
467000230000	10	1	1	末梢节点（STA）
427403230000	11	1	1	末梢节点（STA）
198500240000	12	1	1	末梢节点（STA）
270901230000	13	1	1	末梢节点（STA）
100403230000	14	1	1	末梢节点（STA）
103600230000	15	1	1	末梢节点（STA）
672500230000	16	1	1	末梢节点（STA）
994200230000	17	1	1	末梢节点（STA）
848002230000	18	1	1	末梢节点（STA）
796700230000	19	1	1	末梢节点（STA）
868602230000	20	1	1	末梢节点（STA）
044404230000	21	1	1	末梢节点（STA）
160403230000	22	1	1	末梢节点（STA）
082600230000	23	1	1	末梢节点（STA）
221101240000	24	1	1	末梢节点（STA）
717601230000	25	1	1	末梢节点（STA）
084404230000	26	1	1	末梢节点（STA）

图 6-18　2 号节点网络信息召测

终端地址	终端状态	节点层级维度		节点网络角色维度	
		节点层级	层级统计	网络角色	层级统计
432300032363	运行	0级	1	末梢节点	191
		1级	187	代理节点	1
		2级	5	主节点	1

图 6-19　2 号台区网络拓扑识别测试

从图 6-18、图 6-19 中可看出每个节点类型（末梢或 PCO）、节点层级及代理节点信息，据此即可绘制完整的台区网络拓扑。

4）台区相位识别分析。台区内用电负荷的相位状态获取，对于分析台区变压器三相负载平衡及治理有着重要参考意义。在主站系统中可批量召测台区户表相位信息，数据结果如图 6-20、图 6-21 所示。

从图 6-20、图 6-21 中可看出每块电能表所安装的相位信息，据此信息，可对台区变压器的三相负载不平衡问题做进一步治理。

任务执行时间	18.42秒	执行结果	执行成功	成功数	241	失败数	0
数据项名称	节点相位信息						
测量点序号	2	电表序号	2	电表通信地址	000001794892		
表计资产号	4330001000000001794892	用户编号	1521746200	用户名称	**2#		
终端通信端口号	2	序号	-	地址实际长度	0		
节点通信地址		接入相位	不支持或正在识别	相序类型	ABC		
电表接线状态	正常	载波表类型	单相载波表				
数据项名称	节点相位信息						
测量点序号	9	电表序号	9	电表通信地址	010000335529		
表计资产号	43405010000335529	用户编号	1508836014	用户名称			
终端通信端口号	31	序号	-	地址实际长度	0		
节点通信地址		接入相位	1相	相序类型	ABC		
电表接线状态	正常	载波表类型	单相载波表				
数据项名称	节点相位信息						
测量点序号	10	电表序号	10	电表通信地址	000002603752		
表计资产号	4330001000000002603752	用户编号	1556603497	用户名称			
终端通信端口号	31	序号	-	地址实际长度	0		
节点通信地址		接入相位	2相	相序类型	ABC		
电表接线状态	正常	载波表类型	单相载波表				
数据项名称	节点相位信息						
测量点序号	11	电表序号	11	电表通信地址	000000326117		
表计资产号	4330001000000000326117	用户编号	1526526034	用户名称	****管理所		
终端通信端口号	31	序号	-	地址实际长度	0		
节点通信地址		接入相位	3相	相序类型	ABC		
电表接线状态	正常	载波表类型	单相载波表				
数据项名称	节点相位信息						
测量点序号	12	电表序号	12	电表通信地址	01000202165		
表计资产号	43405010000202165	用户编号	1549096022	用户名称			
终端通信端口号	31	序号	-	地址实际长度	0		
节点通信地址		接入相位	1相	相序类型	ABC		
电表接线状态	正常	载波表类型	单相载波表				

图 6-20　1 号台区相位识别测试

任务执行时间	5.14秒	执行结果	执行成功	成功数	1	失败数	0
数据项名称	节点相位信息						
终端地址	432300032363						
终端通信端口号	-	序号	1	地址实际长度	12		
节点通信地址	000023017670	接入相位	3相	相序类型	ABC		
电表接线状态	正常	载波表类型	单相载波表				
终端通信端口号	-	序号	2	地址实际长度	12		
节点通信地址	000024011220	接入相位	3相	相序类型	ABC		
电表接线状态	正常	载波表类型	单相载波表				
终端通信端口号	-	序号	3	地址实际长度	12		
节点通信地址	000023021298	接入相位	3相	相序类型	ABC		
电表接线状态	正常	载波表类型	单相载波表				
终端通信端口号	-	序号	4	地址实际长度	12		
节点通信地址	000023028624	接入相位	3相	相序类型	ABC		
电表接线状态	正常	载波表类型	单相载波表				
终端通信端口号	-	序号	5	地址实际长度	12		
节点通信地址	000023017666	接入相位	2相	相序类型	ABC		
电表接线状态	正常	载波表类型	单相载波表				
终端通信端口号	-	序号	6	地址实际长度	12		
节点通信地址	000023002609	接入相位	3相	相序类型	ABC		
电表接线状态	正常	载波表类型	单相载波表				
终端通信端口号	-	序号	7	地址实际长度	12		
节点通信地址	000023011059	接入相位	2相	相序类型	ABC		
电表接线状态	正常	载波表类型	单相载波表				
终端通信端口号	-	序号	8	地址实际长度	12		
节点通信地址	000023011120	接入相位	2相	相序类型	ABC		
电表接线状态	正常	载波表类型	单相载波表				
终端通信端口号	-	序号	9	地址实际长度	12		
节点通信地址	000023007046	接入相位	3相	相序类型	ABC		
电表接线状态	正常	载波表类型	单相载波表				

图 6-21　2 号台区相位识别测试

5）停复电事件实时上报。

从图 6-22 中测试结果来看，被操作停电电表均正常上报事件。

供电单位	事件接收时间	停电时间	复电时间	停电时长(分钟)	电表厂家
1#供电服务站	2020/4/7 19:15:43	2020/4/7 19:13:12	-	-	****公司
1#供电服务站	2020/4/7 19:18:20	2020/4/7 19:15:49	2020/4/7 19:15:49	0	****公司
1#供电服务站	2020/4/7 18:58:25	2020/4/7 18:55:48	2020/4/7 18:55:48	0	****公司
1#供电服务站	2020/4/7 18:57:14	2020/4/7 18:54:43	-	-	****公司
1#供电服务站	2020/4/7 18:57:24	2020/4/7 18:54:53	-	-	****公司
1#供电服务站	2020/4/7 18:59:14	2020/4/7 18:56:17	2020/4/7 18:56:17	0	****公司
1#供电服务站	2020/4/7 19:22:04	2020/4/7 19:19:32	-	-	****公司

图 6-22　2 号台区停复电事件实时上报

6）ID 地址实现资产管理。为支持通信模块的资产管理，HPLC 通信模块设置了唯一 ID 号，同时模块上的芯片也设置了芯片 ID 号，并且两个 ID 号是一一对应。这些 ID 信息均可从主站系统中召测，测试结果如图 6-23～图 6-25 所示。

任务执行时间	2.96秒	执行结果	执行成功	成功数	1	失败数	0
数据项名称	查询HPLC芯片信息						
终端地址	432300003543						
节点地址	设备类型	芯片ID信息	芯片软件版本信息	芯片类型	芯片厂商代码	芯片型号	芯片序列号
000020595003	电表通信单元	01029C01C1FB02535	3248	宽带载波通信单元	SW	W1	000000ADA2
000020597203	电表通信单元	01029C01C1FB02535	3248	宽带载波通信单元	SW	W1	000000AE24
000020603704	电表通信单元	01029C01C1FB02535	3248	宽带载波通信单元	SW	W1	000000AE08
000000326905	电表通信单元	01029C01C1FB02535	3248	宽带载波通信单元	SW	W1	000000ADA6
000021981606	电表通信单元	01029C01C1FB02535	3248	宽带载波通信单元	SW	W1	000000AEA9
010000345906	电表通信单元	01029C01C1FB02535	3248	宽带载波通信单元	SW	W1	000000ADB4
000020597606	电表通信单元	01029C01C1FB02535	3248	宽带载波通信单元	SW	W1	000000ADE9
000024008206	电表通信单元	01029C01C1FB02535	3248	宽带载波通信单元	SW	W1	000000ADB7
000020602207	电表通信单元	01029C01C1FB02535	3248	宽带载波通信单元	SW	W1	000000AEA4
000020597207	电表通信单元	01029C01C1FB02535	3248	宽带载波通信单元	SW	W1	000000AE0F
000020597607	电表通信单元	01029C01C1FB02535	3248	宽带载波通信单元	SW	W1	000000AE9C
000000055208	电表通信单元	01029C01C1FB02535	3248	宽带载波通信单元	SW	W1	000000AE06
000020597208	电表通信单元	01029C01C1FB02535	3248	宽带载波通信单元	SW	W1	000000AE29
000020597408	电表通信单元	01029C01C1FB02535	3248	宽带载波通信单元	SW	W1	000000AE19
010000315609	电表通信单元	01029C01C1FB02535	3248	宽带载波通信单元	SW	W1	000000ADBA

图 6-23　1 号台区芯片 ID 信息抄读

任务执行时间	5.40秒	执行结果	执行成功	成功数	1	失败数	0
数据项名称	节点通信模块信息						
终端地址	432300003543						
从节点序号	9	节电设备类型	-	厂商代码	WS		
设备序列号		从节点通信地址	010000335529	模块ID格式	BCD码		
芯片ID长度	0	芯片ID格式	组合				
芯片ID	-						
模块ID	4300054202004020000679						
从节点序号	10	节电设备类型	-	厂商代码	WS		
设备序列号		从节点通信地址	000002603752	模块ID格式	BCD码		
芯片ID长度	0	芯片ID格式	组合				
芯片ID	-						
模块ID	4300054202004020001904						
从节点序号	11	节电设备类型	-	厂商代码	WS		
设备序列号		从节点通信地址	000000326117	模块ID格式	BCD码		
芯片ID长度	0	芯片ID格式	组合				
芯片ID	-						
模块ID	4300054202004020002031						
从节点序号	12	节电设备类型	-	厂商代码	WS		
设备序列号		从节点通信地址	010000202165	模块ID格式	BCD码		
芯片ID长度	0	芯片ID格式	组合				
芯片ID	-						
模块ID	4300054202004020002260						
从节点序号	13	节电设备类型	-	厂商代码	WS		
设备序列号		从节点通信地址	010000082455	模块ID格式	BCD码		
芯片ID长度	0	芯片ID格式	组合				
芯片ID	-						
模块ID	4300054202004020000822						

图 6-24　1 号台区通信模块 ID 信息抄读

任务执行时间	5.40秒	执行结果	执行成功	成功数	1	失败数	0
数据项名称	节点通信模块信息						
终端地址	432300032363						
从节点序号	9	节电设备类型	单相电表通信单元	厂商代码	SW		
设备序列号	WW	从节点通信地址	000024011212	模块ID格式	BIN		
芯片ID长度	48	芯片ID格式	BIN				
芯片ID	01029c01c1fb02535757310000009cc8aae367ef97555ec0						
模块ID	0000000000000000000000						
从节点序号	10	节电设备类型	单相电表通信单元	厂商代码	SW		
设备序列号	WW	从节点通信地址	000024011206	模块ID格式	BIN		
芯片ID长度	48	芯片ID格式	BIN				
芯片ID	01029c01c1fb02535757310000009cb6b8669544601c36c2						
模块ID	0000000000000000000000						
从节点序号	11	节电设备类型	单相电表通信单元	厂商代码	SW		
设备序列号	WW	从节点通信地址	000024011215	模块ID格式	BIN		
芯片ID长度	48	芯片ID格式	BIN				
芯片ID	01029c01c1fb02535757310000009cca49818e9e35dc932a						
模块ID	0000000000000000000000						
从节点序号	12	节电设备类型	单相电表通信单元	厂商代码	SW		
设备序列号	WW	从节点通信地址	000024011213	模块ID格式	BIN		
芯片ID长度	48	芯片ID格式	BIN				
芯片ID	01029c01c1fb0253575731000000c0574bc3d0fd7d9f4e83						
模块ID	0000000000000000000000						
从节点序号	13	节电设备类型	单相电表通信单元	厂商代码	SW		
设备序列号	WW	从节点通信地址	000024011220	模块ID格式	BIN		
芯片ID长度	48	芯片ID格式	BIN				
芯片ID	01029c01c1fb0253575731000000c0574bc3d0fd7d9f4e83						
模块ID	0000000000000000000000						

图 6-25　2 号台区节点信息抄读

模块 ID 及芯片 ID 是用于管理电能表通信模块的有效手段，从测试结果来看，每块电能表模块的芯片 ID 及模块 ID 均可正常召测且可清楚地知道地区通信芯片，为实现资产管理提供数据支持。

6.4.3　运行观察结论

HPLC 双模通信方案的通信模块进行入网试点测试，对基本功能和 HPLC 双模通信模块深化应用功能全部进行了验证，均满足技术要求，具体包括低压用户全量采集、台区网络拓扑自动识别、台区相位识别分析、停复电事件实时上报、HPLC 双模通信单元远程升级、精准校时和 ID 地址实现资产管理等功能。各项功能运行良好、稳定可靠。

参考文献

[1] 孙永民. 面向用电信息采集的双模通信组网与接入技术研究 [D]. 重庆：重庆邮电大学，2018.

[2] 马跃，张辉，闫磊，等. 无线及电力线载波在配电网系统组网应用 [J]. 电力系统通信，2012，32（12）：16-20.

[3] 朱文忠. 电力线载波无线传感信号融合传递技术 [J]. 计算机仿真，2014，31（06）：147-150+273.

[4] 李国钰，张成文，张强，等. 基于DBPSK低压电力线载波通信和微功率无线通信的双模通信在低压载波集抄系统中的应用 [J]. 制造业自动化，2015，37（24）：130-133.

[5] 李丽丽，唐如意，张颖琦，等. 双模通信技术在直接双向互动系统中应用的研究 [J]. 电气应用，2015，34（S2）：685，687，692.

[6] 步冬静，李频. 基于OFDM调制的载波和无线双模通信系统 [J]. 电力信息与通信技术，2015，13（05）：63-66.

[7] 李琮琮，杜艳，范学忠，等. 基于阶梯算法的双模异构通信的研究与设计 [J]. 电气应用，2015，34（17）：118-121.

[8] Wu. X. Y，Du. Q. H. Utility-function-based radio-access-technology selection for heterogeneous wireless networks [J]. Computers & Electrical Engineering，2015，12（1）：1-12.

[9] 刘柱，欧清海. 面向智能配电网的电力线与无线融合通信研究 [J]. 电力信息与通信技术，2016，14（02）：1-6.

[10] 孔英会，李建超，陈智雄，等. 一种基于RSSI自适应的双模通信模块设计与实现 [J]. 科学技术与工程，2016，16（23）：203-207.

[11] 刘恒，冯国峥，李冀，等. 基于层次分析法的电力线与无线信道切换技术 [J]. 电力信息与通信技术，2017，15（07）：52-57.

[12] 陈智雄，韩东升，邱丽君. 室内无线和电力线双媒质协作通信系统性能研究 [J]. 中国电机工程学报，2017，37（09）：2589-2599.

[13] 陈波，何愈国，孙航，等. 基于双模技术主干网通信的四表集抄系统设计 [J]. 现代机械，2017（01）：58-61.

[14] 廖树日，何世文，杨绿溪. 一种新的双模微基站非授权信道接入方法 [J]. 电子与信息学报，2017，39（11）：2556-2562.

[15] 严佳慧. 电力线通信系统中多中继及电力线一无线协作通信技术研究 [D]. 南京：南京理

工大学，2018.

［16］ Hong. M. K，Han. S. K，Won. Y. Y. Gigabit Optical Access Link for Simultaneous Wired and Wireless Signal Transmission Based on Dual Parallel Injection-Locked Fabry-Pérot Laser Diodes [J]. Journal of Lightwave Technology，2008，26 (15)：2725-2731.

［17］ Mudriievskyi. S. Power line communications：state of the art in research，development and application [J]. AEU-International Journal of Electronics and Communications，2014，68 (7)：575-577.

［18］ Sarafi. A. M，Voulkidis. A. C，Cottis. P. G. Optimal TDMA Scheduling in Tree-Based Power-Line Communication Networks [J]. Power Delivery，IEEE Transactions on，2014，29 (5)：2189-2196.

［19］ Skondras. E，Sgora. A，Michalas. A，et al. An analytic network process and trapezoidal interval-valued fuzzy technique for order preference by similarity to ideal solution network access selection method [J]. International Journal of Communication Systems，2014，29 (2)：307-329.

［20］ Khan. O，Vijayasankar. K，Vedantham R. Routing overhead optimization in smart grid networks [C]. Power Line Communications and its Applications (ISPLC)，2015 International Symposium on. IEEE，2015：89-94.

［21］ T. R. Oliveira，C. A. G. Marques，M. S. Pereira，et al. The characterization of hybrid PLC-wireless channels：A preliminary analysis [J]. Power Line Communications and its Applications (ISPLC)，2013：98-102.

［22］ L. d. M. B. A. Dib，V. Fernandes，M. de L. Filomeno，et al. Hybrid PLC/Wireless Communication for Smart Grids and Internet of Things Applications [J]. Internet of Things Journal，2108：655-667.

［23］ J. Lee，Y. Kim. Diversity Relaying for Parallel Use of Power-Line and Wireless Communication Networks [J]. Power Delivery，2014：1301-1310.

［24］ S. Moaveninejad，A. Saad，M. Magarini. Enhancing the performance of WiNPLC smart grid communication with MIMO NB-PLC [J]. Environment and Electrical Engineering，2017：1-6.

［25］ S. W. Lai，G. G. Messier. Using the Wireless and PLC Channels for Diversity [J]. Communications，2012：3865-3875.

［26］ V. Fernandes，H. V. Poor，M. V. Ribeiro. Analyses of the Incomplete Low-Bit-Rate Hybrid PLC-Wireless Single-Relay Channel [J]. Internet of Things Journal，2018：917-929.

[27] A. Mathur, M. R. Bhatnagar, B. K. Panigrahi. Performance of a dual-hop wireless-powerline mixed cooperative system [J]. Advanced Technologies for Communications, 2016: 401-406.

[28] 马立贤. 电力线载波与无线融合多信道传输技术研究 [D]. 北京：北京邮电大学，2019.

[29] 台新. 电力线通信信道噪声分析与建模仿真 [D]. 北京：北京邮电大学，2013.

[30] 林虹，林东. PLC 信道噪声建模及噪声发生器的设计 [J]. 电力系统通信，2011，32 (7)：61-65.

[31] 吴军基，郭昊坤，孟绍良，等. 电力线通信信道背景噪声建模研究 [J]. 电力系统保护与控制，2011，39 (23)：6-10.

[32] 王仪伟. 电力线载波通信系统噪声衰减方法研究 [D]. 北京：华北电力大学，2016.

[33] 王定员. 计量自动化现场微功率无线通信检测方法及应用研究 [D]. 长沙：湖南大学，2018.

[34] 郭丽莎. 基于 OFDM 的宽带电力线载波通信系统设计 [D]. 西安：西安电子科技大学，2015.

[35] 党登峰. PLC 和微功率无线异构传感器网络分簇路由算法研究 [D]. 西安：西安电子科技大学，2015.

[36] 赵一凡. 电力线载波数据传输系统路由算法的研究 [D]. 西安：西安工程大学，2018.

[37] 杨俊. 用电信息采集系统融合通信网设计研究 [D]. 北京：华北电力大学，2016.

[38] 娄云永. 电力通信网可靠性评价指标体系的研究 [D]. 北京：华北电力大学，2010.

[39] 杨海健. 电力通信网的可靠性研究 [D]. 西安：西安电子科技大学，2013.

[40] 汤弘鑫. 低压台区线损分析及降损措施研究 [D]. 南京：东南大学，2017.

[41] 宋煜，郑海燕，尹飞，等. 基于智能用电大数据分析的台区线损管理 [J]. 电力信息与通信技术，2015，13 (8)：132-135.

[42] 徐志光，詹文，卢群. 利用用电信息采集系统管理台区线损 [J]. 电力需求侧管理，2015，17 (1)：52-58.

[43] 姜润芝. 区域停电判别系统的设计与实现 [D]. 济南：山东大学，2019.

[44] 肖隆恩，李闫远，熊洋建，等. 电网故障诊断的研究现状与发展趋势 [J]. 通信电源技术，2015，32 (5)：221-225.

[45] 乔麟. 基于多系统信息集成技术的配网故障快速复电系统的研究与应用 [D]. 广州：华南理工大学，2016.

[46] 李伟健. 基于多源信息的配电网高容错性故障精确定位方法研究 [D]. 杭州：浙江大学，2018.

[47] 郭羚. 电网计量装置在线监测技术及电能计量遥测系统研究 [D]. 广州：华南理工大学，

2012.

[48] 祝婧，刘水，朱亮，等. 时钟同步在用电信息采集系统中的应用 [J]. 电测与仪表，2016，53 (15)：157-159.

[49] 姚力，陆春光，胡瑛俊，等. 用电信息采集系统校时方案研究 [J]. 电测与仪表，2015，52 (15)：14-18.

[50] 党三磊. 低压电网通信技术 [M]. 北京：中国电力出版社，2016.

[51] 杨刚. 电力线通信技术 [M]. 北京：电子工业出版社，2011.

[52] 刘韶林. 物联网技术在智能配电网中的应用 [M]. 北京：中国电力出版社，2019.

[53] 孙秀娟，罗运虎，刘志海，等. 低压电力线载波通信的信道特性分析与抗干扰措施 [J]. 电力自动化设备，2007，27 (2)：44-46.

[54] 杜新纲，赵丙镇，等. 用电信息采集通信技术及应用 [M]. 北京：中国电力出版社，2015.

[55] 张晶，徐新华，催仁涛. 用电信息采集系统技术及应用 [M]. 北京：中国电力出版社，2013.

[56] 李学峰，雒海东. 无线通信技术 [M]. 北京：北京邮电大学出版社，2019.

[57] 张颖慧，那顺乌力吉. 无线通信技术及应用 [M]. 北京：中国水利水电出版社，2019.

[58] 徐文涛，李振东，李博. 基于电力线载波宽带载波的双模用电信息采集系统设计 [J]. 电工技术，2019 (18)：76-79.

[59] A. R. Eskandari. Compact and Narrow-Band Waveguide Dual-Mode Filters for Output Multiplexer in Communication Satellites [J]. Journal of Electrical Engineering & Technology，2019，14 (6)：2421-2426.

[60] 亨德里克. C. 费雷拉，卢茨. 兰普，约翰. 纽伯里，等. 电力线通信-电力线窄带和宽带通信的理论与应用 [M]. 肖勇，钟清，党三磊，译. 北京：中国电力出版社，2014.

[61] K. 丹尼尔. 黄. 无线通信工程技术应用 [M]. 白文乐，肖宇，姜武希，译. 北京：机械工业出版社，2019.